NO MORE
WORK
ANXIETY

工作不焦慮
菁英必備的 58 項核心技能

先練滿基本功,再談升級!總結、專注、整理,
職場「T」型修練成就高效菁英

在職場這片競爭激烈的江湖中,
混得有頭有臉靠的從來不是運氣或小聰明,而是真正扎實的基本功!

本書從提升綜合能力、總結工作經驗,
到管理時間與生活平衡,
帶你掌握職場成功的關鍵!

李文勇 著

目錄

序言 　　　　　　　　　　　　　　　　　　　　　005

01　心態：贏在心理的起跑線　　　　　　　　　007

02　計畫：預見未來的行動藍圖　　　　　　　　037

03　行動：將計畫付諸現實的關鍵　　　　　　　063

04　掌控時間：時間管理的終極密碼　　　　　　087

05　整理：清除混亂，讓效率起飛　　　　　　　129

06　效率：專注於關鍵，成就高效生活　　　　　163

07　人際關係：細微處見真章的人脈經營術　　　213

08　自我完善：拓展生活半徑，發現更好的自己　261

目錄

序言

如果你沒有「幾把刷子」，沒有一點功夫，是很難在江湖上混出名堂的。可如果只有武功，卻沒有為人處世的智慧，那你至多是成天喊著「打打殺殺」的莽夫，這樣往往容易被人利用（此「利用」並非貶義，而是說被人管理、被人駕馭），終究還是難混出名堂；反之，有些人功夫不算一流，長得不算帥氣，卻能混得有頭有臉。於是，我們不禁要問：他們到底有什麼祕訣呢？

其實，混職場也沒有什麼祕訣，它靠的是基本功扎實。所謂基本功，就是你的綜合素養。只要素養實在，你就如同一粒金子，走到哪裡都會發光，走到哪裡都會被當成寶。

對於職場人而言，做事應表現為善於擬定計畫，積極執行，懂得掌控時間，不拖延、不推卸責任、不消極怠工。不但要埋頭苦幹，還要學會溝通；不但要按時完成工作，還要追求高效率；不但要做好本職工作，還要善於與他人合作。可以說，會做事是職場人最基本的素養。

如果你想透過做事讓自己變得出類拔萃，那麼務必不斷學習，提升自己的工作能力。有人說，當今職場最需要的是「T」型人才。「T」型人才包括兩點，一是「T」上面的「──」，它代表了知識的寬度；二是「T」中間的「｜」，它代表著知識的深度。兩者組合成「T」，代表了在廣泛知識結構中，擁有某一專精的技能。

做人應表現為：待人處事要有良好的心態，以誠待人；重視人際關係的維護，與人為善。要學會掌握人性的基本心理，說話做事在不影響

序言

自己做人原則的前提下，盡可能帶給人好感。如此，你才會成為一個受歡迎的人，也就是說，人緣好、有人氣，這樣的人際氛圍將會成為你出色工作的推進力。

與自己相處應表現為：正確地處理工作與生活的關係，在兩者之間找到平衡點，既不因為工作忽視生活，也不因為生活輕視工作。在工作之餘，要有自己的興趣愛好，比如養成閱讀的習慣、適當地運動、保持自我反省，等等。這不但可以讓你擁有良好的身體狀態，還能讓你永遠保持正能量。

以上就是本書的宗旨。

01
心態：
贏在心理的起跑線

　　每個人在工作能力上也許都有這樣那樣的不足，但可以用積極的態度彌補。能勇敢地面對問題，擁有平和的情緒、快樂的心態，能專注目標等，是每個追求事業有成的職場人士不可或缺的基本能力，積極的心態可以讓你在工作中戰無不勝。

01　心態：贏在心理的起跑線

歐普拉的祕密：不要迴避必來的工作

> 集中注意力，每一個抉擇都讓你有機會鋪設自己的人生之路，不斷前行。全速前進吧！
>
> ——美國著名主持人歐普拉・溫芙蕾

身在職場，每個人都會遇到一些自己不願意做的事情；或是自己不擅長做的事情；或是上司臨時安排的、本不該你做的事情；或是由於做得不夠好，需要重做的事情。面對這些事情，很多人可能會表現出消極應對的態度，或直接迴避、拒絕，或假裝在做，其實什麼問題也沒解決。他們天真地認為，這樣就可以逃避這些工作的糾纏，但實際上，越是逃避，越是躲著這些工作，就越會受到這些工作的不良影響，最後仍是害到自己。

劉悅在一家翻譯公司上班。剛進入公司時，她謹言慎行，做事積極，得到了上司的認可之後，順利通過了試用期。在與公司簽下正式合約後，她感覺全身輕鬆，心想：我是公司的正式員工了，再也不用被那些老員工呼來喚去了。

有一天，部門經理拿來一大摞資料，對劉悅說：「這是一家美國公司的資料，他們要在自己公司的網站上設置中文版，妳把這些資料翻譯一下，下班前我就要結果。」劉悅看著那摞厚厚的資料，心中產生了一些牴觸情緒，覺得部門經理就是欺負新人，心想：「為什麼不把這樣高強度的工作交給老員工呢？他們的工作效率更高，能更快地完成任務。」但劉悅還是強裝笑臉地說：「好的，我這就翻譯。」

> 歐普拉的祕密：不要迴避必來的工作

劉悅帶著牴觸情緒做事，不自覺地表現出了敷衍的態度，認為只要把上司交代的工作完成就好了。結果草草了事，她很隨意地翻譯了一通，然後又去做自己的工作了，在下班的時候她把翻譯成果交給經理。

第二天，部門經理把劉悅叫到辦公室，痛斥她一頓：「妳翻譯的是什麼東西？客戶看了之後，立即退回來讓我們重新翻譯，這直接影響了我們公司的形象……」

在職場上，對於不期而至的臨時工作，很多人難免會產生一些牴觸情緒和迴避心理，並在言行中表露出來這種「迴避」。最後，這種「迴避」會展現在工作成果中。因為一個人帶著消極心態去工作，是不可能把工作做好的。

迴避心態就像慢性毒藥一樣，在短時間內看不出什麼危害，卻能在不知不覺中，讓你在職場上與升遷漸行漸遠。首先，你所表現出的牴觸情緒，會讓上司不滿；其次，你在牴觸情緒下做得不夠好的工作，會讓上司更加不滿。如此，你會慢慢失去上司的信任和器重，升遷還有什麼指望呢？

當然，迴避心態造成最可怕的危害是，它會讓你漸漸成為一個懶散、消極的人。首先，迴避這些工作，你不一定真的能躲得過。如果遇到自己不想做的事情，遇到一些工作上的麻煩，你第一反應是逃避，那麼你就失去了面對挑戰、提升自我的機會。一次一次地逃避、一次一次地消極應對，最終會讓你錯失成功的機會。而積極者絕不這麼做，他們會抓住迴避不了的工作，從中鍛鍊自己的能力。

心態決定一切，有什麼樣的心態，就有什麼樣的結局。喜歡迴避工作的人，其結局往往不怎麼好。迴避必來的工作真的能解決問題嗎？迴避得了一時，就能永遠迴避嗎？即便每次都能成功而巧妙地迴避，也不

01　心態：贏在心理的起跑線

必高興，因為你最終會為自己的小聰明買單。不是嗎？那些經常逃避工作的人，往往是在一家公司待不長久的人，他們一次次地迴避、一次次地跳槽，跳了幾年後，才發現自己一把年紀，什麼都不擅長。這樣的教訓是非常慘痛的。

那麼，對於迴避不了的工作，我們該怎麼應對呢？

1. 直接面對 ── 最省力的方法

在《花木蘭傳奇》中，有一句經典臺詞：「最好的取勝方法就是將胸口面對敵人的刺刀。」雖然職場上沒有敵人，也沒有刺刀，但你也可以把那些不想做的事情、迴避不了的工作視為敵人和刺刀，用積極的心態去面對，把它們解決得一乾二淨。如此一來，你會變得越來越優秀，你的職業生涯也會越來越順利。

比如，你正在忙著本職工作，上司突然交給你一個緊急任務，這時你最好的態度就是「服從」。你可以暫時放下手頭的工作，把上司交代的工作完成。上司把這份工作交給你，證明他相信你能做好，你如果把這視為上司對你的器重，就不容易產生牴觸情緒了。

2. 主動解決 ── 最敬業的表現

相較於直接面對迴避不了的問題，主動解決是進一步的提升。主動代表著自發、自動。比如，看見洗手間的燈一直亮著，隨手關掉它；看見地上有垃圾，順手撿起來；看見同事忙不過來，主動伸出援手，問對方是否需要幫助。這些行為表現遠遠超出了迴避不了時才不得不面對的做法，如果你能做到這般積極主動，那麼一定會贏得上司的器重，贏得同事的信賴。

小測試：逃避心理測試

(1) 與人約會，你會準時赴約嗎？

(2) 你認為自己可靠嗎？

(3) 你會因未雨綢繆而儲蓄嗎？

(4) 遇到麻煩時，你會想方設法為自己開脫嗎？

(5) 你永遠將正事列為優先，然後再做其他休閒嗎？

(6) 收到別人的郵件，你總會在一、兩天內就回覆嗎？

(7) 「既然要做一件事情，那麼就要把它做好。」你相信這句話嗎？

(8) 對於自己不願意做的事情，你會千方百計地逃避嗎？

評分標準：

選擇「是」得1分，選擇「否」得0分。

分數為「6~8」：你是個非常有責任感的人，你行事謹慎，有禮貌，為人可靠，並且相當誠實。

分數為「4~6」：大多數情況下，你都很有責任感，只是偶爾有些逃避，沒有考慮得很周到。

分數在4分以下：你是個完全不負責任的人，你一次又一次地逃避責任，導致工作經常做不久，手上的錢也總是不夠用。

01　心態：贏在心理的起跑線

像史丹佛人一樣工作：積極規避「心理斜坡」

> 當這些積壓已久的埋怨、憤怒和憎恨像 CPU 快取一樣被一鍵清理之後，為生活帶來的加速效應讓我驚喜到無以復加——久違的快樂、對生活的喜悅全部回來了。一顆心輕舞飛揚，彷彿愛就在自己身上穿梭，而這種神奇的感覺貫穿了日後的整整 8 年。
>
> ——史丹佛心理學家吉米・丁克奇

黃大姐在擦桌椅，她叫丈夫幫忙移動一張椅子，丈夫卻埋頭看報紙，紋風不動。黃大姐火上心頭，把抹布往丈夫頭上一扔。丈夫被突如其來的抹布惹火了，過來一腳踢翻了垃圾桶……因為一些雞毛蒜皮的小事突然發火、說話傷人並亂摔東西，這就是「心理斜坡」的最典型表現。

所謂心理斜坡，是指人的感情在外界刺激下產生不同等級的情緒反應時，所形成類似金字塔狀的心理斜面。心理斜坡越大，越容易向相反的情緒狀態轉化。有人把心理斜坡稱為「鐘擺規律」，即這一刻還興奮無比，歡快地哼著小曲，過沒多久心理狀態就走向了另一個極端，怒火中燒，吹鬍子瞪眼。就像一個鐘擺，擺動越強烈地偏往正向的人，心理鐘擺朝著「負」向的揮動力就越大。這就是我們常說的「喜怒無常」。

身在職場，喜怒無常、陰晴不定，動不動就出現「情緒短路」肯定是不行的。我們知道，用電短路會損壞電器，甚至會釀成火災。情緒短路同樣危害不淺，既傷害別人，影響人際關係，也會傷害自己，危害身心健康。

造成一個人喜怒無常的罪魁禍首，往往是缺少必要的情緒管理能

像史丹佛人一樣工作：積極規避「心理斜坡」

力。要想規避喜怒無常，讓心理斜坡越來越小，最好的辦法就是學會控制自己的情緒，學會調整自己的情緒，而不是任憑自己的情緒為所欲為，消極地讓情緒牽著自己的鼻子走。

假如有一天，你在工作中和同事發生了一點小爭執，其實這並不是什麼嚴重的事情（但當時你被憤怒的情緒沖昏了頭腦，沒有冷靜下來，根本沒有意識到這一點）。對於這樣的事情，情緒管理能力不強的人，往往在見到對方對自己橫眉冷對、出言不遜時，當即用比對方惡劣10倍的態度和言語還擊，恨不得一個眼神就將對方「殺死」，一句逞口舌之快的還擊就能讓對方跪地求饒。但是，善於管理自己情緒的人不會這麼做，他們會深吸一口氣，舒緩一下憤怒的內心；或把視線轉向窗外，看一看外面的世界，而不是局限於當下的小情境；他們還可能即時抽身而出，離開氣氛壓抑的環境。這不是懦弱的表現，而是積極規避可能出現的心理斜坡，想方設法讓自己恢復理智和平靜。有些職場中的年輕人總認為，隱藏自己的情緒和真實感受是一種虛偽，做人就應該「真實」一點，開心時想笑就笑，不開心時想叫就叫，過自己想要的生活。奉行這種情緒管理法則的人，往往在辦公室裡哭過、笑過、爭吵過、發怒過，甚至和上司面對面交鋒過。然而，這樣不但達不到解決問題的目的，反而會被人在背後恥笑情緒控制力低下。一位擅長情緒管理的客服經理說，如果你和別人吵架，別人越生氣，你就越要保持微笑。因為人在生氣的時候，語速會不由自主地加快，雙方都加快語速說話而不是冷靜下來傾聽，矛盾就會越演越烈。而如果你保持微笑，慢慢地說話，對方想快都快不起來，這樣矛盾就不容易被激化。

這話其實很有道理，一個懂得控制自我情緒的人，是不會輕易受到對方情緒影響的；相反地，他們會用自己的情緒影響對方，成為情緒對

01　心態：贏在心理的起跑線

抗中的掌控者。

快樂是可以尋找的，情緒是可以管理的。如果你調整好、管理好自己的情緒，你就是情緒的主人；如果你被情緒牽著鼻子走，你就成了情緒的奴隸。情緒可以決定你的職業命運，決定你的人生幸福，但前提是你要把它掌控好，不讓它成為脫韁的野馬。

曾經位列全美暢銷書排行榜的《情緒智慧》一書，將情商（EQ）與情緒管理畫上等號。根據一些心理學家的觀點，情緒智慧涵蓋了以下4種能力：覺察自我情緒的能力、妥善管理自己情緒的能力、自我激勵的能力、覺察他人情緒的能力。

覺察自我情緒的能力，指的是隨時隨地覺察自己的情緒，了解自身的情緒狀態；妥善管理自我情緒的能力，指的是具備擺脫焦慮、怒氣、灰暗或不安等不良情緒的能力，當情緒低落時，能夠很快走出來，坦然地生活；自我激勵能力，指的是能夠專注於自己的目標，善於發揮創造力，懂得克制衝動和延遲滿足，並保持高度的熱忱；覺察他人情緒的能力，指的是具有同理心，能夠站在他人的角度為人著想。

當一個人具備了以上4種能力時，不良的情緒將不再困擾他，他不但能保持平和的心態生活，還能愉快地與人相處，從而獲得良好的人際關係。每個追求成功的人都渴望擁有這4種能力，但對於大多數職場人而言，當下最首要的任務是學會如何掌控情緒，積極地規避心理斜坡，讓自己成為一個情緒平穩的人。

1. 透過轉移注意力冷卻憤怒的情緒

遇到不好的事情時，產生不良情緒是正常的，但這並不等於要立刻將不良情緒發洩出來，可以嘗試著轉移注意力，讓自己的不良情緒平復

和冷卻下來，之後採取建設性的方法解決問題。轉移注意力的辦法有很多，你可以暫時走開，到外面轉一圈；也可以去洗手間洗個臉，照一照鏡子；還可以聽一聽曲調緩和的音樂。如果你的憤怒情緒持續很久還未平復，不妨透過運動療法，讓自己的憤怒隨著汗水排出，在運動累了之後，洗個熱水澡，大睡一覺，這樣你的不良情緒肯定會煙消雲散。

2. 適度表達憤怒，宣洩心中的不快

控制情緒並不是讓你壓抑情緒，而是避免任何過度的情緒反應。情緒控制的本質是以最恰當的方式表達情緒，就如大哲學家亞里斯多德所言：「任何人都會生氣，這沒什麼難的，但要能適時適所，以適當方式對適當的對象恰如其分地生氣，可就難上加難。」所謂適時適所，指的是選擇恰當的對象，恰如其分地表達你的不良情緒。

如果你正為某些事情發愁，為工作上的事情感到煩惱，千萬不要悶在家裡，不妨找三五好友聚聚，吃吃飯、聊聊天，閒扯一些生活瑣事，聽聽別人講的笑話，再笑一笑自己。也許轉眼之間，壓力就會灰飛煙滅，讓你感覺輕鬆無比。

知名作家保羅・科埃略（Paulo Coelho）在小說《我坐在琵卓河畔，哭泣》（*By the River Piedra I Sat Down and Wept*）中，也講述了一段類似的親身經歷的原諒歷程：「一天清晨，當我從加利福尼亞的死谷向亞利桑那州的圖森邁進時，我在心裡寫下了一份名單——那些所有傷害了我、讓我恨之入骨的人。我一個人一邊走著，一邊在心裡逐個查看著他們。6個小時之後，當我終於到達圖森時，我驚詫於自己的靈魂變得如此輕盈，而人生也有了一個驚喜的轉變。」

01　心態：贏在心理的起跑線

3. 換個角度看待問題，以調整心情

　　面對同樣一件事，懂得情緒管理的人，會從這件事裡看到好的一面；不懂得情緒管理的人，會深陷於這件事造成的潛在困惑中。比如，早上出門時間晚了一些，眼看上班就要遲到了，偏偏路上遇到紅燈或前方塞車，越著急心情越不好，心情越不好就越想發火。如果這時轉變一下看問題的角度，覺得難得有機會利用等紅燈的時間看一看路旁的街景，觀察一下匆匆趕路的行人，也許情緒就會平復下來。

　　再比如，面對失戀的打擊，心情沮喪是可以理解的，但有些人認為：「對方離開我，是因為我不夠好，是因為我一無是處，令人嫌棄。」這樣一想，自信心就沒了，會更加沮喪。但如果換個角度思考：「對方離開我，給了我重新尋找愛情的機會，說不定我能找到更好的對象。」這樣一來，對生活就重新有了期盼，心情就容易轉好，並能再次振作起來。

　　所以說，真正使我們產生負面情緒的，並不是外在的事物，而是我們看待問題的角度、選擇情緒的能力太糟糕。聰明的人不輕易被外在的事情左右心情，而是聰明地看待問題，用智慧選擇情緒——選擇好的情緒，規避壞的情緒，讓自己保持平穩的情緒狀態，讓心理斜坡對自己不再具有破壞力。

小測試：你處於什麼心理斜坡？

　　電梯超重了，如果沒有人肯走出電梯，電梯就永遠不能運行。有 3 位乘客，他們分別是提著大包重物並背著巨大旅行包的 A，帶著 4 個小孩的 B，身材肥胖得令人驚訝的 C。到底誰最應該走出電梯呢？

結果分析：

選 A：都說你是感性的，但是仔細觀察，你似乎卻是超乎尋常地理性，喜歡分析事物。那為什麼還會有人覺得你很感性呢？因為你總是變來變去，前後不一致。

選 B：你很多時候都給人唐突的感覺，事實上，在貌似突然的行動之前你已經經過了考慮與掙扎，你並不是沒有大腦的白痴。只是你總是比較嚮往純樸的生活，對於社交感到陌生而無力。

選 C：你常常會壓抑自己內在的需求，而迎合社會規範。比如，做一個好人、一個好孩子、一個正直的人、一個有愛心的人等。

01　心態：贏在心理的起跑線

柯林頓：壓力大時為自己鬆鬆綁

> 過程越艱辛，結果越甜蜜。
>
> ——美國前總統比爾・柯林頓

現代職場就像一個巨大的壓力鍋，工作量大，工作節奏快，讓身在職場中的人備感壓力。有些人一上班就需要大量的咖啡來維持精力，坐在辦公室裡感覺腰痠背痛，每天忙著自己的那點事情還感覺力不從心，下班後更是連陪家人散步的力氣都沒有了。看看如今那麼多職場人身體處於亞健康狀態，就可以知道他們的身心壓力有多大。

32歲的陳先生是一家公司的業務主管，每個月都要為上級制定的銷售任務而打拚，為下屬無法完成銷售目標而擔心，為了提升公司的產品銷量，他無時不在思考對策。工作壓力之大，可想而知。在生活上，陳先生的壓力也不小，每個月有兩、三萬元的房貸壓力，還有孩子的撫養費用、父母的贍養支出等，這些壓力讓他感到身心疲憊，經常晚上難以入睡，即使睡著了也會不停地做夢。

對於自己的精神情況和身心狀態，陳先生很想找到調整的辦法，可每天馬不停蹄地忙碌著，好不容易熬到週末，他想著要好好睡個懶覺。可真到了週末，他又睡不著，因為心裡還想著各方面的壓力。於是，日復一日、月復一月，陳先生在壓力中疲憊地工作著、生活著。

在我們身邊，像陳先生這樣感到身心疲憊、背負壓力巨大的人還有很多，也許他們只是公司的普通員工，但他們同樣有很多壓力。現代的壓力就像空氣一樣時刻存在著，如何面對壓力、調整身心，每個人都有

> 柯林頓：壓力大時為自己鬆鬆綁

自己的做法。有些人被動地應對壓力，被壓得喘不過氣來；有些人懂得主動應對壓力，採取有效的措施幫自己鬆綁。

某知名主持人曾經患有嚴重的憂鬱症，每天感到壓力重重。後來，他選擇以每天走十幾公里的運動量來展開「重走長征路」的活動，以舒緩壓力。在堅持一段時間後，他發現每天晚上不用吃安眠藥也能睡得好，飯量也增加了很多。

某知名導演應對壓力時，也有自己的一套辦法，那就是換上一雙新鞋。如果心情不錯，他還會向舊鞋鞠躬說「再見」。他說鞋子就像親密的朋友，承載了過去的時光記憶，透過這種方式可以宣洩拍戲時的壓力，讓自己更輕鬆。

美國前總統柯林頓排解壓力的辦法是隨手塗鴉。1993年10月，美國有18名士兵被索馬利亞武裝分子殺害，柯林頓立即召開國家安全小組會議，當工作人員向他彙報情況時，他卻在一張紙上胡塗亂畫，看似心不在焉，實際上並非如此，這不過是他面對強大危機事件時一種壓力排解的方式。

在職場上，每個人都可能扮演多個角色，也可能要扮演自己不願意扮演的角色，還要接受來自外界的壓力考驗，比如競爭、裁員、降薪、升遷等。面對形形色色的壓力，請即時為自己鬆鬆綁，讓自己可以經常卸下壓力的包袱，輕鬆前進。下面介紹幾種排解壓力、幫自己鬆綁的方法。

1. 閒情逸致，陶冶情操

高尚美好的情操就像心靈雞湯，可以幫現代人提升心理免疫力，增加對抗壓力的能力。你可以在忙碌的工作之餘，花些時間感受一些閒情逸致，比如到公園裡看人下棋，也可以約個棋友對弈一局，當然還可以

> 01 心態：贏在心理的起跑線

在網路上和網友下棋；找幾個人打打牌、玩玩麻將，娛樂娛樂；拿起畫筆，到戶外寫生；約一、兩個好友，背上漁具外出釣魚；叫上三五好友，去KTV唱歌，等等。只要是你感興趣的活動，都不妨去體驗一下，讓你暫時從工作的壓力中解脫出來，專注於閒情逸致帶來的輕鬆和快樂。

2. 回歸單純，找點笑料

有位外資企業高階主管說，他在壓力大時喜歡放聲大笑，因為在放聲大笑時，人的心臟、肺部、背部及軀幹都能得到鍛鍊，手臂和腿部肌肉也會受到刺激。大笑之後，人的血壓下降、脈搏放慢，肌肉的緊張感也會降低，整個人都會處於放鬆的狀態。

大笑能讓人釋放壓力，讓緊張的身心輕鬆起來，著名的節目主持人楊瀾就喜歡用這種方法幫自己鬆綁。她極力推薦「孩童減壓法」，即在壓力大時，回歸單純、回歸童真，把自己想像成一個孩子，找一個恰當的環境，該哭就哭、該笑就笑。還可以和孩子一起看卡通，和孩子一起傻笑。笑過之後，壓力就會不見蹤影。

3. 練習瑜伽，腹式呼吸

瑜伽是一種放鬆身心、排解壓力、鍛鍊身體的健康運動。在瑜伽練習中，透過舒緩的腹式呼吸法，可以舒緩緊張的情緒，排解內心的壓力。因為人一旦情緒緊張，就會心跳加快，呼吸變得短促。而採取腹式呼吸法，透過調整呼吸的節奏，放慢心跳的速率，可以讓人平靜下來。

腹式呼吸法很簡單：先緩慢地透過鼻孔吸氣，鼓起腹部，隨即慢慢擴大肋膜腔。接著以慢於吸氣時的速度從鼻孔呼氣，同時心中默唸「放鬆、全身放鬆」。透過正向的心理暗示，達到精神上的放鬆。

> 柯林頓：壓力大時為自己鬆鬆綁

　　如果你的睡眠品質不好，難以入睡，那麼在睡覺之前，不妨泡個熱水澡，靜靜地躺在浴缸裡，閉上眼睛冥想，讓自己的身體輕輕浮在水中，讓壓力在溫水的浸泡下消散。之後，坐在床上或躺下，也可以透過腹式呼吸讓精神放鬆，在冥想中讓自己的身心得以放鬆，這樣睡意也會越來越濃。一覺醒來之後，你會感到壓力小了很多。

小訓練：想像放鬆法

　　放鬆方法：讓自己處於安靜、不受干擾的環境，把眼睛閉上想像……想像你面對著一片寬闊無垠的海洋，看著平靜的海面，你躺在沙灘上，傾聽海水輕拍岸邊的聲音……

　　想像你來到一片綠草如茵的草地，草坪厚厚的、軟軟的，你躺了下來，微風拂過身體，聞到了泥土和花草的氣息……

　　想像你來到一處靜謐的樹林，周圍很安靜，只有微風輕拂樹葉的沙沙聲……或藍天、白雲，或綠草、野花，或清風、蟲鳴，任由你去想像，想像一切讓你舒服的場景。等你從想像中獲得滿足感之後，你會徹底清醒。醒來後，你會感覺精力旺盛，心情舒暢，對工作又充滿了信心。

01　心態：贏在心理的起跑線

李健熙：適當放慢你的腳步

> 總是受阻就代表著該停下，停下後再重整旗鼓吧。
>
> ——前韓國三星集團會長李健熙

請停下手頭的工作，坐下來回憶一下：過去的這些天、這些年，你過得有多著急。你是不是每天早上還在睡意朦朧中就被鬧鐘吵醒，然後隨手關掉鬧鐘，繼續睡5分鐘？出門的時候，外套還沒穿好，就急急忙忙提著包包下樓？在路邊隨便買點包子或油條，一邊走一邊往嘴裡塞？車來了，你狂奔過去，生怕因錯過這班車而遲到？走到公司樓下，眼看就要遲到了，於是只能快馬加鞭地往公司趕？

看一看，我們這一天有多麼著急！如果你在大城市工作，這樣的場景每天都能看得到，甚至你也會這樣著急。著急的不僅是奔上公車、擠進捷運車廂，還有在公司的表現。我們害怕表現不好，哪一天成為公司裁員名單中的一員；害怕無法證明自己，被激烈的職場競爭環境壓垮。我們急著創造業績，急著加薪，急著升遷。

原本以為下班後可以放鬆，可以和家人慢慢享受晚餐，陪孩子看看卡通，陪父母說說話，可以找朋友喝茶、閒聊，可以看看書、聽聽音樂。可是，回到家裡又要急著做飯，急著叮孩子寫作業。吃完飯後，很多人又急著玩手機，聊Line、滑臉書。很多職場人就是這樣著急，他們在著急中變得越來越浮躁，越來越疲憊，越來越找不到方向。

有一則小故事，講的是一位在美國奮鬥多年的華人，經過艱苦的打拚，終於用自己的血汗錢買了一棟豪宅，可是他沒時間打理，就僱用了

李健熙：適當放慢你的腳步

一位當地的婦女打理房子。他每天早出晚歸，拚命工作賺錢，女傭卻在豪宅裡享受著音樂和美食，在花園裡修剪花草和散步，在健身房裡鍛鍊，在游泳池裡游泳。

這個故事諷刺的是主人的可悲，他似乎在為別人提供美好的生活，而他拚命究竟是為了什麼呢？這不正是沒有方向的打拚嗎？很多人一生都在忙碌之中，到頭來卻不知道在忙些什麼。這樣的人生是何其悲哀！所謂的名利、金錢，到頭來不過是一場空。打拚、奮鬥是應該的，但真有必要這樣見縫插針地「拚命」嗎？是不是只有等到身體發出「危險」警報時，才幡然醒悟應該放慢腳步呢？

小童大學畢業後，很幸運地進入一家世界500強公司，在那裡他一待就是6年，從最初的普通職員做到了品牌經理，收入翻了幾倍。但隨著職位的提升，工作壓力也越來越大，每天忙得暈頭轉向，有時候午休時間都要加班完成任務，偶爾去便利商店買東西，也會被老闆打電話催促著回來。這一切都讓小童感到十分痛苦。

隨著公司搬遷，小童每天花在通勤的時間也變長了，而且幾乎每天都要加班到七、八點才能下班，回到家裡已經差不多十點了，身心疲憊的他恨不得倒頭就睡，幾乎沒有真正屬於自己的時間。雖然與同學相比，他的工作體面而且薪水高，但他非常懷念剛入職場時的日子，那時候週末可以陪家人吃飯，可以去郊外看看藍天白雲。在他看來，那才是真正的生活。

可是，迫於現實的壓力，小童強忍著堅持待在工作職位上，慢慢地，他的身體狀況越來越差，直到有一天檢查發現自己的身體出現嚴重問題時，才毅然決然地辭職離開。在身體恢復之後，他在離家不遠的地方找了一份薪資水準中等的工作，一份悠閒、可以兼顧生活的工作，這

01 心態：贏在心理的起跑線

讓他在工作的同時，擁有享受生活的時間，他感到很快樂。

放慢你的匆匆腳步吧，等一等你的靈魂，只有當你慢下來時，你才看得清楚自己在做什麼，才想得明白自己要什麼。放慢腳步不是拖延、不是懶散、不是消極應對，而是為了沉澱一下浮躁的心靈，為了能夠更好地走接下來的路。

1. 規劃好時間，讓自己可以從容應對

為什麼很多人像無頭蒼蠅一樣忙碌，而且忙不出高效率，忙得手忙腳亂的，還經常把事情搞砸？其實很重要的一個原因是忙得沒有規畫、忙得太被動。如果能靜下來，把每天的時間規劃一下，把每天的工作列出來，然後計劃好在某一時段做什麼，並全力以赴，那麼工作就會有條不紊地展開，也就不會忙得那麼狼狽了。

比如，按照你與公司的距離和上班通勤所花費的時間，計算出你出門的時間，並由此往前推，定好起床的時間。為了避免起床慌忙，出門著急，你最好把起床時間定得早10分鐘、20分鐘，這樣你就不必馬不停蹄地匆匆趕路，足以從容地邁開腳步。

來到公司，先計劃一下當天的工作，給自己定一個合適的今日工作目標，並朝著這個目標努力。到了中午，該吃飯時吃飯，吃完飯該午休時午休。記住，千萬別貪「便宜」，認為中午可以做一些工作，而放棄午休。因為這樣做往往會讓你因小失大，整個下午可能都會昏昏欲睡，工作效率驟降。

很多年輕人說：「我沒有午休的習慣，我下午不會想睡。」也許有些人確實有這個優勢，但對於大多數人來說，午休時不午休，對下午的精神狀態會有直接影響。俗話說：「磨刀不誤砍柴工。」如果午休品質好，

下午工作起來注意力就容易集中，工作往往事半功倍。

事實上，午休不僅是為了保證下午的工作效率，還是為了保護自己的身體。國外有研究證明，在一些習慣午休的國家和地區，其冠心病的發生率要比不午睡的國家和地區低得多，這是因為午休能使人心血管系統得以舒緩，使人體緊張感降低。德國、日本非常重視午休，德國甚至將午睡寫進法律，由政府強制推行。可見，午休對身體健康的重要性。所以，不論你的工作有多忙，都應該保持午休的習慣。午休就是路途中小憩，可以讓你聚集能量，在接下去的路途上走得更輕鬆、更從容。

2. 豐富生活，不讓自己成為工作狂

除了工作，還有生活。在工作之餘，你完全可以做一些生活化的事情，讓人生更豐富多彩。比如，去當地的菜市場買些蔬菜水果，回到家裡，做一頓可口的飯菜，和家人享受美味的晚餐。吃完飯後，陪家人去外面散散步，在散步的過程中，閒聊生活趣事。這樣既能拉近家人之間的感情，又可以舒緩工作中產生的壓力和煩惱。

你還可以買幾本自己感興趣的書籍，每天在睡覺之前閱讀幾頁，這樣可以擴大你的知識層面，讓你在與朋友、同事聊天時有更多的談資，還能為孩子做個閱讀的榜樣。當然，你還可以和孩子玩玩遊戲，和孩子瘋一瘋、鬧一鬧，讓所有的工作壓力都在你們的瘋鬧中散去。

3. 放慢腳步，欣賞一下沿途的風景

走路的時候，你會觀察路邊的街景嗎？很多人不會，因為大家覺得街景那麼平常，沒什麼好看的。其實，只要你願意停下來欣賞，哪裡都有風景。蘇格拉底曾與人相約去爬山。那人一路趕來氣喘吁吁，而蘇格

> 01　心態：贏在心理的起跑線

拉底不急不緩，姍姍來遲。蘇格拉底問那人：「你來的時候有看見路旁有什麼嗎？」那人說：「我不清楚，我只顧著向前。」蘇格拉底拍拍身上的塵土，娓娓道來：「那真是太遺憾了，我已經欣賞完沿途的風景了。」

　　蘇格拉底的話看似平常，卻告訴了我們一個道理：當你朝目標奮進時，別忘了適時放慢腳步去欣賞沿途風景，或許你可以發現一番「驚喜」。比如，開車去某地的途中，發現路邊的風景不錯，找個合適的地方停車看看風景，拍幾張照片，這樣避免了匆匆趕路帶來的疲憊感，可以讓自己身心更加舒暢地繼續接下來的路程。

職場忠告：

　　如果你只是為了忙碌而認真，只想用忙碌證明自己的存在，卻從來不懂得在忙碌之餘停下腳步，看看你周圍的綠地，感受窗外和煦的陽光，那你將錯過生命中美好的東西。

迪士尼員工：接受工作帶給你的全部

> 跟著我，你會得到一份世界上最好的工作。
>
> —— 迪士尼應徵口號

在迪士尼沒有顧客，只有客人。一名員工這樣說道：

「在迪士尼，員工在公園裡經常被小朋友問這樣的問題：『公園裡有幾隻米老鼠？』問問題的小朋友也許在早上剛進公園時遇到一隻米老鼠，和米老鼠合影了；中午這位小朋友到公園的另一區用餐時，又遇到了一隻米老鼠；也許還會在另外一處再遇到一隻。我們的答案是什麼呢？3隻，或者更多？正確的答案是：『一隻米老鼠，他跑到這吃起司了。』這是我非常喜歡的一句『真實的謊言』。我們知道在所有的小朋友心目中，米老鼠只有一隻，那是他們心中的英雄、偶像，而這個偶像只有一個。如果我們給小朋友的答案是2隻，或者說3隻，那這位小朋友會怎麼想，他會認為他見到的米老鼠一定有一隻或者全都是假的，甚至會讓他想到，公園裡的白雪公主、小矮人等都是假的。如果是這樣，他的迪士尼之旅會是很失望的，他遊玩的熱情和樂趣會被大打折扣，我們為此所做的各種表演、道具、環境、氣氛營造等努力都將付諸東流。」

迪士尼訓練員工觀察每一位顧客，以便根據不同顧客對歡樂的不同感受，主動提供相應的服務，這需要超常的觀察力和耐心。當課程結束時，教師對員工說：「你們即將走上舞臺，記住神奇的迪士尼，創造並分享神奇的一刻，每天的迪士尼都不一樣，不一樣的天氣、不一樣的觀眾，但迪士尼的服務及演藝水準始終是一樣的。」在迪士尼上班被稱為

01 心態：贏在心理的起跑線

「在舞臺上」，員工被稱為「Cast Member」。

在這個世界上，不管你從事的是什麼工作，背後都要付出相應的努力。體力勞動者有體力勞動的痛苦，比如工作環境不佳，工作時弄得衣服較髒；在明淨辦公室裡工作的白領也有自己的煩惱，比如要忙於協調各種雜事，要應付同事之間的競爭和上司對自己工作的挑剔；位高權重的企業管理者也有他們的難處，比如要承擔企業經營和管理的重任，還要想辦法在激烈的市場競爭中爭取更大的營利。

也許很多人只看到了別人表面上的光彩，卻看不到別人背地裡付出的艱辛。比如，看到體力勞動者下班就可以輕鬆自在地休息，不用背負工作上的壓力，於是羨慕他們工作那麼快樂，卻不知體力勞動者承受的辛苦；看到職場白領每天穿得光鮮亮麗，每月拿著高收入，於是羨慕他們工作體面，卻看不到他們背負的工作壓力；看到企業管理者有權有勢，說話一言九鼎，於是羨慕他們的威嚴和風光，卻看不到他們每天要熬夜到凌晨，只為制定一個企業營運方案。

既然工作，就要接受工作的全部，而不只是拿著工作帶給你的薪水，享受著工作中的快樂，卻拒絕承擔工作帶給你的壓力，不想履行自己的工作職責，還抱怨工作苦、工作累。這樣絕不是敬業的表現，也不可能在工作中取得好成績，更無法進一步提升自己的工作能力。

試想一下，一名業務領著薪水，卻抱怨客戶難應付，他能創下優秀的業績嗎？一名律師收取客戶給他的報酬，卻抱怨客戶的案件太難，他能為客戶解決實際問題嗎？一名普通的職場員工，拿公司付給他的薪水，卻隨便敷衍一下公司交給他的工作任務，他能贏得上司的信賴嗎？他的升遷還有望嗎？

那些在求職時要求高薪、高待遇，在工作中卻不願意接受工作所帶

來之辛苦的人；那些在工作忙碌時抱怨不停，在工作不忙時上網玩遊戲的人；那些享受著高待遇，卻抱怨工作難做、客戶難伺候的人，都要記住一句話：接受工作帶給你的全部，而不只是接受工作帶給你的種種「好處」，迴避工作帶給你的種種「不好」。

不可否認，人都有趨吉避凶、避重就輕的天性，若讓大家下樓搬東西，多數人都會選輕巧的東西拿。這種現象實屬正常，對於自己的本職工作，以及這份工作帶來的苦累、煩惱與壓力等，我們也應該勇敢地承擔下來，並且應該毫不抱怨地做好，這才是一個負責任的員工應該做的。

1. 拿公司支付給你的薪資，就應該做好相應的事

當你抱怨工作的時候，請詢問自己一個問題：「公司聘用我是幹嘛的？難道是讓我白白領薪水，而不用做事嗎？」當然不是，公司聘用你是因為你的能力能夠勝任某個職位的工作，可以為公司創造效益，你如果沒有相應的能力，也不可能進到公司裡，連抱怨這份工作的機會都沒有。既然你來了，而且領公司每月發給你的薪水，就應該「在其位謀其政」，努力做好本職的工作，為公司創造相應的效益。

2. 享受工作帶來的快樂，就要承擔工作帶來的痛苦

有人說IT工作者薪資高，但他們的高薪資不是白拿的，而是承擔了工作帶來的痛苦，比如：漫漫無期的加班、高強度的研發工作；有人說業務工作時間自由，可以不固定上班時間，不用到辦公室出勤，想做什麼就做什麼，但他們的自由是有條件的，那就是每個月都要有相應的業績，當他們苦苦思索如何獲得業績時，那種痛苦和煎熬你是否想過呢？

01 心態：贏在心理的起跑線

你不能拿高收入，卻抱怨加班痛苦；也不能享受著業務的閒散，卻因為業績不好而抱怨薪資低；更不能領著 IT 工作者的高收入，卻幻想享受業務的自由與閒散。世界上沒有人能享受到權利，卻不用盡義務。任何事物都有兩面性，每一份工作也有它的好與不好，既然你享受到了它的好，就相應地要接受它的不好，這才是公平合理的。所以，請接受工作帶給你的全部。

小測試：你工作快樂嗎？

根據你的實際情況，回答相應的問題，每道題有 3 個選項：A，是這樣；B，有時這樣；C，從不這樣。

你的家人是否盼望你在工作結束後回到家中？
你是否很喜歡向家人講述工作中發生的趣事？
你的家人是否理解並喜歡你所從事的工作？
你的家人是否對你所做的工作感興趣？
你的家人是否多數願意從事你所從事的工作？
你的家人會認為你熱愛自己的工作嗎？
你的家人是否認為你的工作對社會有益？
你的家人是否不必擔心你工作的安全性？
你的家人是否會說家庭和工作對你同等重要？

評分標準：

如果選擇 A 的選項多於 7 個（含 7 個），說明你的工作是快樂的。

如果選擇 A 多於 4 個（含 4 個），說明你的工作快樂感一般。

如果選 A 少於 4 個，說明你工作不快樂。

賈伯斯：專注你最重要的目標

> 這就是我的祕訣——專注和簡單。簡單比複雜更難：你必須費盡心思，讓你的思想更單純，讓你的產品更簡單。但是這麼做最後很有價值，因為一旦實現了目標，你就可以撼動大山。
>
> —— 蘋果公司創辦人史蒂夫・賈伯斯

在很多人心中，賈伯斯就是蘋果的代名詞，蘋果就是賈伯斯的化身。如果你認真解讀並且研究過擁有賈伯斯靈魂的蘋果，你就會明白——蘋果的核心不是「創新」，而是「專注」，至於最後得到的創新，那只是因為專注到絕無僅有的地步。

人的精力是有限的，如果你什麼都做，往往什麼都做不好。若是把精力分散到多個目標上，每一個目標就只是淺嘗輒止，這樣是很難取得成就的。成功的捷徑在於發現自己的長處，找到自己的優勢，並將這些聚焦到你最重要的目標上。

專注是一種特質，但在賈伯斯看來，這還是一種能力，更是一種心態。「決定不做什麼跟決定做什麼同樣重要。」賈伯斯這樣說，「對公司來說是這樣，對產品來說也是這樣。」當賈伯斯不想被自己認為不重要的事情分散注意力時，他會完全忽略它們，就好像這些事情完全沒有發生一樣。

在賈伯斯病重期間，他曾接待 Google 創辦人賴利・佩吉（Larry Page）。在交談中，賈伯斯非常直接地告訴他：「現在 Google 的擴展方

01　心態：贏在心理的起跑線

向太廣了，到處都是，應該只專注重要的 5 個目標，把其他的專案都扔掉，否則它們會拖 Google 的後腿，把 Google 變成微軟（也許在賈伯斯看來，微軟就是因為擴展方向太廣，才被蘋果超越的）。」

賈伯斯說：「擁有專注力將改變你的人生。人們認為專注就是要對自己所專注的東西說 yes，但恰恰相反，專注代表著要對上百個好點子說 no，因為我們要仔細挑選。這就是我的祕訣──專注和簡單。簡單比複雜更難：你必須費盡心思，讓你的思想更單純，讓你的產品更簡單。但是，這麼做最後很有價值，因為一旦實現了目標，你就可以撼動大山。」

1. 砍掉不重要的目標，留下最重要的

很多年輕人剛入職場時，心中充滿著遠大的抱負，給自己列了許多目標，可是過不了多少時日，卻在職場的打磨中變得疲於應付，甘於平庸。事實上，目標不明確、不單一，就很難實現。

法國作家莫泊桑很小的時候就表現出出眾的文學才能，他的舅舅帶他去拜訪福樓拜，想推薦福樓拜做莫泊桑的文學導師。可莫泊桑年輕氣盛，見了福樓拜後竟然問：「你究竟會些什麼？」

福樓拜沒有回答，而是反問莫泊桑：「你會些什麼？」

莫泊桑得意地說：「我什麼都會，只要你知道的，我就會。」

福樓拜很平和地說：「那好，你先告訴我你每天的學習情況！」莫泊桑很自信地說：「我每天上午用兩個小時讀書寫作，用兩個小時彈鋼琴；下午用一個小時向鄰居學習修理汽車，用三個小時練習踢足球；晚上，我會去燒烤店學習怎樣製作燒鵝；星期天則去鄉下種菜。」

說完後，莫泊桑很得意地反問：「福樓拜先生，您每天的工作情況是

怎樣的呢？」

福樓拜笑了笑說：「我每天上午用四個小時讀書寫作，下午用四個小時讀書寫作，晚上我還會用四個小時讀書寫作。」

莫泊桑不解地問：「你只會寫作，不會別的嗎？」福樓拜沒有回答，而是繼續問：「你究竟有什麼特長，比如哪方面的事情你做得特別好？」這下莫泊桑回答不出來，於是問福樓拜：「那麼您的特長又是什麼呢？」福樓拜很有自信地說：「寫作。」透過這段對話，福樓拜讓莫泊桑意識到了專注的重要性。做得多、會得多，並不值得驕傲，有自己最具競爭力的特長和優勢才值得驕傲。俗話說：「一招鮮，吃遍天。」所以，把你那些不重要的目標砍掉吧，留下最重要的目標，這個目標或許與你的興趣有關，或許與你的特長有關，或許與你的專業有關。

2. 將有限的精力聚焦於最重要的目標

太陽照耀大地，光線分散開來，如果你用一面凸透鏡將陽光聚焦於一點照在一張紙上，不用多長時間，那張紙就會燃燒起來。為什麼？因為凸透鏡能聚光、聚熱，最終光和熱轉化為熾熱的能量，變成了一團火。成功不就是這樣嗎？需要聚焦、需要專注。

繼續回到莫泊桑身上，他拜福樓拜為文學導師之後，福樓拜一開始並沒有教他如何寫作，而是讓他去大街上觀察來來往往的馬車、觀察駕車的車伕。

選擇其中一位作為目標，每天盯著他觀察。福樓拜對莫泊桑說：「如果有一天你能把這個車伕描述得和其他車伕不一樣，那你的寫作就過關了。」有一個說書人，在接受電視採訪時，主持人問他：「你的眼睛為什麼特別亮？特別有神韻？」說書人說：「這是練出來的，每天晚上我都會

在黑暗中點上一炷香，然後盯著那炷香看。幾年下來，我的眼睛就變成這樣了。」

將有限的精力聚焦到最重要的目標上，一遍一遍地重複。如果你願意這麼做、堅持這麼做，也許你就是下一個莫泊桑。

3. 保持耐心，因為專注的效果最初並不明顯

過早放棄的浮躁心態，是專注的大敵。一位著名的成功大師受邀到一個會場演講，主題是 —— 我的成功祕訣。

當帷幕徐徐拉開時，舞臺正中央懸掛著一個巨大的鐵球。大師對觀眾說：「請兩位身強力壯的男士上來，用大鐵鎚敲打大鐵球，直到大鐵球擺盪起來。」很快就有兩名年輕人自告奮勇，衝上舞臺，拿起鐵鎚敲打鐵球。可是震耳的響聲過後，鐵球紋絲不動，繼續敲打，鐵球依然紋絲不動，因為鐵球實在太大了。臺下的人吶喊聲不斷，兩名年輕人敲了幾下，就累得沒力氣了。

這時大師從口袋裡掏出一個小鎚子，對著鐵球敲打起來，一下、兩下……他敲得很有節奏，敲得很漫不經心，敲得很有耐心。10 分鐘過去了，鐵球依然紋絲不動；20 分鐘過去了，會場開始騷動不安，有的人開始抱怨、叫罵，甚至憤然離去。突然，前排的觀眾尖叫道：「鐵球動了。」剎那間，眾人的目光聚集了過來，果然鐵球在慢慢地晃動。大師繼續敲打，鐵球越晃越快、越盪越高。

簡單的事情重複做，就會產生累積效應。小鎚每一次敲打，都是一點能量，聚集大量能量，就會產生撼動天地的力量。

專注力訓練 —— 舒爾特方格

在一張有 25 個小方格的表中,將 1~25 的數字打亂順序,填寫在裡面(如下圖),然後以最快的速度從 1 數到 25,要邊讀邊指出,同時計時。科學研究,正常成年人完成這一項目的速度在 15~25 秒,而未成年人在 35~50 秒。你會是多少呢?

1	23	11	2	7
18	22	9	3	24
6	10	15	8	13
12	17	19	14	16
25	4	21	5	20

01　心態：贏在心理的起跑線

02
計畫：
預見未來的行動藍圖

上戰場之前，要制定作戰策略和計畫，可以保證有的放矢、有條不紊。有計畫的工作才是真正的工作。

02　計畫：預見未來的行動藍圖

貝多芬：隨時記錄你的待辦事項

> 如果我不馬上寫下來的話，我很快就會忘得一乾二淨。如果我把它們寫到小本子上，我就永遠不會忘記了，也用不著再看一眼。
>
> ——貝多芬

　　研究發現，人一次能夠處理和掌握的資訊數量在「7-2」和「7+2」之間，也就是說，人一次最多能處理 9 件事。雖然人與人的能力有一定的差異，但大體上同一時間能夠處理的事情都是 5 到 9 件，這個數字被稱為「魔法數字」，這代表著絕大多數人難以超越這個範圍。

　　在工作中，有時候我們短時間內要處理 10 件以上的事情，有些管理者會向下屬傳達很多指令，其實這些都是徒勞的，很難被他們完全記住，更別說全部做好了。怎樣才能安排好自己的事情？怎樣才能記住上司交代的工作呢？其實最好的辦法只有一個，就是「好記性不如爛筆頭」，拿出筆和筆記本，把待辦的事情都記錄下來，然後一件事接一件事地做，直到全部做完，這才是最有計畫、最高效率的工作方式。

　　事實上，每個人都有計畫，但很多人的計畫在心裡，而不在紙上。計畫如果在心裡，就很容易隨著心情和客觀事情的改變而變化。因為計畫在心裡，誰也看不見、聽不著，即使沒有去做，也不會受到自己批評，更不會受到周圍人無聲的「批評」。但如果把計畫寫在紙上，甚至有意讓人看見，讓人知道你的計畫，一旦你沒有做，是否就會或多或少有些慚愧呢？

　　當你把待辦的事項寫在筆記本上，列出一個工作清單時，實際上等於給自己許下了一個承諾。如果你無法完成所記錄的待辦事項，當你翻

貝多芬：隨時記錄你的待辦事項

開筆記本時，就會有一種「失敗感」，因為你沒有說到做到，你對自己失信了。應該充分利用這種「自我愧疚感」來督促隨時記錄待辦的事項，並像兌現承諾一樣逐一完成這些待辦事項。

待辦事項清單就是一個手工製作的短期計畫，它是你未來幾個小時、幾天或幾週的簡單計畫。它的存在可以幫你更容易確定什麼是你要做的事情，只要你認真對待它，按照它來行動，就可以有條不紊地達到目的。那麼，到底該怎樣列出待辦事項的清單呢？

1. 什麼時間列清單？── 每天清晨或前一天晚上

什麼時候列待辦事項的清單呢？毫無疑問，是在這些事情還未被處理之前，比如每天上班，來到公司第一件事就是把這一天的工作梳理一下，然後挑出這一天要做的事情，並將其按照一定的順序記錄下來。這樣你的時間管理會變得更有效率。

假如你是公司的管理者或是老闆，在開會前 10 分鐘，你也有必要列個會議清單，記錄會議的要點，讓你知道這個會議該講什麼內容。如果沒有這個清單，你完全憑自己的記憶，效果就會差很多。

你可能講著講著就跑題了，比如被員工問一個問題，你的思路就被打亂了，然後跟著員工的問題講到別的問題上，偏離了自己的會議主題。如此一來，你開會的理想目的就無法達成。

2. 如何表達待辦事項清單？── 準確地寫出做什麼事

在記錄待辦事項時，怎麼表達更好呢？最好是把你的任務寫成這樣的形式：「對某目標做什麼事！」舉個例子，如果你要做一份年度報告，在你的待辦事項裡不要這麼記錄：年度報告。而要更準確地記錄為：找

出公司 4 個季度的財務報表，做一份年度報告；不要寫成：與黃經理聯繫。而要寫成：週一下午 3 點到 4 點，打電話給黃先生。也就是，盡可能用一句話把你要做的事情說得更具體，讓你一看就知道怎麼做。

3. 怎樣處理不確定的工作？──從清單上移除

在列清單的時候，你可能會遇到這種情況：某些事情似乎要做，但又可以不做，或者說不那麼著急，可以延後很多天再做。對於這樣的事情，你該怎麼辦呢？很好辦，那就是把它從你的待辦事項清單上移除，讓你的清單裡出現的是未來一週，甚至是未來兩、三天或當天必須做的事情，當你翻看這樣的清單時，才會有一種緊迫感。

4. 如何處理臨時加入的工作？
──選擇恰當的位置插到清單裡

待辦事項清單只是一個計畫，一個較為理想化的計畫，它指向的是未來，而未來是很容易變化的。比如，昨天晚上你列了一個待辦事項清單，今天上班你本打算按照這個清單處理工作。可是沒過多久，上司安排了一項工作給你，而且比較緊急。有時候還不止一項工作，比如同事突然叫你幫個什麼忙。對於這些計畫之外的工作，該怎麼處理呢？

正確的做法是，對照你列好的工作清單，結合臨時事件的重要性和緊急性，將其加入你的清單裡。然後，按照工作清單逐一處理。

5. 怎麼樣對待工作清單？
利用閒暇時間翻看，提醒自己去做未完的事項

將待辦事項記錄下來，是為了更有效地記住這些事情，並知道什麼

貝多芬：隨時記錄你的待辦事項

時候去完成這些事情。因此，既然列出來了，就要時不時翻看一下，千萬不可列完之後就丟在一邊不管，那樣工作清單就發揮不了作用了。

6. 看看你的待辦事項清單是否合理？
—— 剖析待辦事項清單

待辦事項清單是否合理，需要看它是否具備這樣幾個特點：

(1) 具有可操作性，是可行的。

(2) 規定了完成的時限。

(3) 指向一個清晰的目標。

對照這三點，看看你的待辦事項清單是否存在一些問題呢？如果它符合這些條件，那麼恭喜你，你的待辦事項清單是合理有效的，你可以放心地照著清單去做了。

小練習：待辦事項記錄練習

無論是對待工作，還是對待生活，你都可以運用列清單的方法讓自己維持計畫。你可以試試列個清單，就像下面這樣：

> **待辦事項清單**
>
> 上午：
> 1. 換掉浴室的水龍頭。
> 2. 把房間打掃乾淨。
> 3. 把家裡換季的衣服丟進洗衣機洗乾淨。
>
> 下午：
> 4. 下午2點和朋友逛街。
> 5. 買一條魚回來，晚上做魚料理，做一頓美味大餐。

02 計畫：預見未來的行動藍圖

麥肯錫人：每天繪製一張工作圖表

> 這些圖表中提供的資訊有力地支持了標題，而標題反過來又補充了圖表所論述的內容。在這種情況下，資訊出現在圖表中要比放在列表中更好。
>
> —— 麥肯錫工作表制度

在麥肯錫工作，經常會碰到這樣的情況：

早上9點你匆匆忙忙來到公司，把昨天未完成的工作收一下尾；10點跑去拜訪客戶；11點回到公司，工作一段時間，再和同事們一起吃一頓速食。接下來，也許是拜訪更多的客戶，或參加團隊的小聚會，一天就這樣結束了。

事實上，類似的工作情況每個職場人都會遇到，甚至每天都可能遇到。

事情是如此多，工作又是千頭萬緒，於是有人開始抱怨了：「天啊！時間過得真快」；「每天總是忙碌而凌亂，搞得我暈頭轉向，真不知道怎麼辦才好」；「這件事不急，我可以留待明天再做」；「真是抱歉，我延遲了一點」。

其實，每個人擁有的時間既不比別人多，也不比別人少，唯一不同的是高效能的人懂得合理地計劃、合理地利用時間，而且還會努力地爭取時間。試問，你能講出每一個小時裡你都做了些什麼嗎？其中有多少時間是在做有意義的事呢？更重要的是，因為不合理地安排工作，你又浪費了多少時間呢？

麥肯錫人：每天繪製一張工作圖表

為了避免類似的困擾，麥肯錫人的工作經驗是，每天繪製一張表格，讓表格幫助他們安排每天的事項。麥肯錫人表示，只要你養成繪製表格的習慣，表格就自然會幫你安排工作，讓你每一天都在有條不紊中度過。

究竟是怎樣的表格如此神奇呢？其實，這種表格沒什麼特別之處，就是我們平常隨手拿筆畫幾條橫豎線，建構出一個表格，並按照一定的順序在表格裡填上各項事務的完成時間。

1. 怎樣繪製工作表格

你可以在每天結束時，花 10 分鐘的時間，先問自己：「今天我做了哪幾件重要的事？」然後，把它們記錄在一個手工繪製的表格裡，如下圖所示：

工作內容	進度情況 （完成了嗎？完成得怎麼樣？）
寫一份企劃案	已經搞定
準備一個演講	已經搞定
……	已經入手，還要花大概兩個小時才能完成，明天繼續

這種手工繪製的表格沒什麼奇特的，整齊不整齊不重要，重要的是把事情描述清楚。如果實際情況不適合製成表格，就把要點寫下來，把它張貼在你的筆記本裡。隨後，想一想明天的工作計畫，並以表格的形

02 計畫：預見未來的行動藍圖

式把它記錄下來，引導你明天的工作。

事實上，隨手繪製一張簡單的圖表並不需要多大的精力，真正難的是圖表所包含的內容。透過製作圖表，你可以找到通往高效工作距離最短的路，從而減少一些不必要的時間浪費和精力損耗，提升工作效率。圖表呈現出來的資訊既是你對未來的預覽，也是你對現況的掌握。

麥肯錫人的實踐經驗表明，圖表只是一個用來傳遞和表達資訊的工具，千萬別把它當成藝術品慢慢地描繪，更不要用水彩筆新增吸引人的顏色。圖表越複雜，傳遞資訊的效果往往越差，最好的圖表所表達的資訊應該是一目了然的。

2. 工作表格的作用

每天繪製一張工作圖表，對你的幫助非常大，但前提是你要做到持之以恆。如果你某一天心血來潮畫一張圖表，幻想這張圖表能為你的工作帶來多大的幫助，那是不現實的。堅持一個月，再看看圖表的威力吧，你會發現效果是你意想不到的。

首先，工作圖表可以激發你的積極性。每天繪製一張圖表，可以使你對自己的工作目標更清晰。當一天的工作結束時，拿起當天的工作圖表審視一番，可以發現哪些工作完成了，哪些工作沒有完成，哪些工作還可以做得更好，從而使你清楚地看到自己下一步要努力的地方。

其次，工作圖表可以幫你記住每天需要做哪些事情。因為人不可能總記得自己需要做的事，大多數人往往是記住了今天的事，忘記明天的事，總是被眼前繁多的事情弄得焦頭爛額。很多事情並不是一次性或一天就能搞定的，需要不斷地分配時間去做。而有了工作圖表，透過翻看

工作圖表，你就可以有條不紊地進行這些工作，完全不用擔心忘記什麼事情。

最後，繪製表格可以排定工作的優先次序，你可以把最重要的工作排在最優先的位置上，幫你節省許多寶貴的時間。如果沒有表格，那麼你就失去了一份行動的計畫書。

小練習：繪製工作圖表

從今天開始，把你的待辦事項繪入一張工作圖表中，讓圖表看起來一目了然即可。最開始不用講究美觀，而要講究實用。當你逐步熟練了工作圖表的繪製技巧之後，再慢慢提升圖表的美觀性。這樣，每當你繪製一張工作圖表時，都會有一種成就感。

02 計畫：預見未來的行動藍圖

高盛 deadline：預先安排好完成的時限

> 工作中、學習中的 deadline 除了外界施加的以外，個人也應當對自己提出要求，並且把這 deadline 作為一個強制性的標準，必須按時完成。取信於人很重要，取信於自己也很重要，這能讓你尊重自己的計畫和安排。
>
> —— 高盛 deadline

有人說：「我要成為百萬富翁！」有人說：「我要開公司做老闆。」還有人說：「我要賺錢買車。」這樣的話他們經常說，可是一年過去了，五年過去了，他們還是老樣子 —— 沒有成為百萬富翁，沒有開公司做老闆，也沒有買車。

如果你問他們為什麼沒有實現自己的目標，他們很可能會說：「著急什麼？我不正在努力嗎？過幾年就可以實現我的目標！」如果你再問他們：「過幾年呢？有具體的時限嗎？」他們很可能會說：「幹嘛要具體的時限？反正我能實現就行，晚幾年又有什麼關係。」

這些人的想法是美好的，目標是誘人的，但沒有計畫、沒有時限、沒有行動，我們當然可以視其為說大話、吹牛皮。因為空有目標而沒有計畫，更沒有實現這個目標的時限，那麼這個目標就無從實現。這就是人性的通病，人都有拖延的缺點，假如做一件事沒有時間限制，我們就會不緊不慢、不慌不忙，就會拖延下去，反正明天可以做，後天也可以做，著急什麼嘛！

> 高盛 deadline：預先安排好完成的時限

　　髒衣服該洗了，但今天有點累，不想動，還是等明天再說吧；房間太亂了，應該整理一下，但今天有點忙，沒時間，還是等有空的時候再說吧。類似的拖延在工作上也十分常見，有個客戶應該回訪一下，但最近有些忙，先把別的事情忙完再說。可是，等你忙完了手頭的工作，再去回訪那位客戶時，發現他已經成了別人的客戶。

　　經常聽人說：「為什麼我的目標完成不了？」答案很簡單，因為沒有設定一個明確的期限。假如你計劃今天必須把某項工作做完，沒有做完也要加班做完，哪怕凌晨兩點睡覺也要做完，那麼你就會產生一種緊迫感，就會激發全身心的注意力來做這件事。至於其他的事情，可以暫時放一邊，當前最重要的就是做這件事，直到做好這件事為止。

　　人的大腦其實就像電腦一樣，你輸入什麼指令，它就會做出什麼樣的行動。你輸入的指令是「什麼時間之前必須完成」，大腦就會驅使你去做相應的事情。所以，不能對自己太客氣、太寬容，而要嚴格設定期限，並養成按期限完成工作的習慣。如此一來，一切工作都會按照你的計畫和設想完成。

　　設定完成一項工作的期限，可以使你將所有的注意力都集中到這個目標上，從而避免無關緊要的小事干擾你。當你的行為與目標脫節時，期限會讓你即時回到正確的軌道上。期限可以對你產生約束力，而且有些計畫本身就是一種約束。比如，下個月 5 日你要參加會計師考試，那麼你的複習時間就已經有了明確的期限。期限可以讓你產生一種內在驅動力，使你擁有前進的動力。

　　如果你有一天的時間完成一項工作，你就會花一天的時間去做這項工作；如果你只有一個小時的時間完成一項工作，你就會迅速有效地利用這一個小時完成這項工作。所以說，確定待辦工作的完成時限非常重要。

02 計畫：預見未來的行動藍圖

當然，在這之前，你首先要確定待辦的事件，即做什麼，這是目標問題。接著，就從確定待辦事件開始，介紹如何設定完成的時限，以及如何達成目標。

1. 確定待辦的事項

任何計畫首先都離不開目標，目標是計畫的前提和保證，而計畫是圍繞目標制定的。你將要做什麼事情，這就是一個很明確的目標，當你有了這個目標之後，就知道要做什麼了。比如，明天你要拜訪一位客戶，接下來就可以圍繞這件事做計畫。

2. 為待辦事件設定時限

在針對某項工作制定計畫時，設定時限是很重要的一環。以拜訪客戶為例，你可以結合自己的工作情況確定時間，假如明天上午你有重要工作要做，那麼你可以把拜訪的時間定在下午。當然，事前你可以與客戶溝通，看他明天下午是否有空。如果對方有空，那麼你就可以把時間確定下來。時間確定了，時限也就隨之確定。有時候，同一時間要處理很多事情，比如未來一個星期，你有 3 項重要的工作要做，而且每一項工作都有很多內容，這時你可以按照前文所介紹的記錄法或圖表法，將這些工作按照重要順序排列出來，標上號碼，如最有價值的工作標上 1 號，其次的工作標上 2 號。再針對這些事情的難易程度，分配合適的時間完成，這樣就確定了完成時限。

> 高盛 deadline：預先安排好完成的時限

3. 限制待辦事件的數目

每個人的精力都是有限的，如果你想在有限的時間內做無限多的事情，只會把自己累壞。聰明的做法是，合理地取捨一些不必要的事情，把時間留給那些重要的事情。比如，一天之中只做最為重要的三件事，至於其他不那麼重要的事情，可以放到明天去做。在這一天，你的主要任務是做好這三件事，並為每一件事設定完成的時限。在每個時限裡，全力以赴。

4. 科學地安排不同工作的次序

值得注意的是，對於必須要做的事情，你應該科學地安排它們，使自己處於一個協調的工作環境之中。最好讓不同的工作之間能發揮相互協調的作用，讓你能夠勞逸結合，這樣既可以完成工作任務，又不影響身體健康。

比如，完成一個重要的銷售計畫書，拜訪一位重要的客戶，寫一篇重要的銷售報告。對於這三件事，假如它們的重要程度不相上下，而且都必須在一天之中完成，那麼你可以這樣安排：

上午寫銷售報告（或寫銷售計畫書），然後去拜訪客戶，正好利用中午時間與客戶吃飯，下午回來再完成銷售計畫書（或銷售報告）。之所以這樣安排，是因為銷售計畫書與銷售報告同為腦力工作，如果連著做這兩件事，你就會覺得大腦很疲憊，但如果這兩件事中間穿插著拜訪客戶，你就會感到輕鬆很多，工作效率也會高一些。

總而言之，預先安排完成一項工作的時限，就是你對時間進行預算，這與開支預算的道理是一樣的，是很有必要且非常有效的工作方

02　計畫：預見未來的行動藍圖

法。開支預算可以避免衝動消費，而時間預算可以避免浪費時間，保證你在有效的時間內高效地完成重要的工作。所以，一定要重視工作完成的時限。

職場金句：

你有多少時間完成工作，工作就會自動變成需要那麼多時間。

―― 巴金森法則

麥肯錫思維：排列事情的輕重緩急

> 在麥肯錫，每個人都有一種工作習慣，那就是按照工作的重要程度來排序。
>
> —— 麥肯錫思維

當你在工作中手忙腳亂，當你抱怨自己是公司最忙碌的人，當你每天回到家裡感覺筋疲力盡時，你有沒有想過：為什麼會造成這種情況？原因究竟在哪裡？很多忙碌的人沒有想過這些問題，他們只知道忙碌不已，好像自己每天都活得很「充實」，卻不思考這種「充實」是否真的有價值。接著，我們不妨來看一則故事。

在某大學的時間管理課上，教授把一些鵝卵石裝入一個罐子，然後問學生：「這個罐子裝滿了嗎？」表面上看，這個罐子確實裝滿了鵝卵石，因為好像再也放不下其他東西了。因此，全班同學異口同聲地說：「是的，裝滿了。」

教授笑了笑，從桌底下拿出一袋碎石子，將碎石子倒入罐子中，並慢慢地搖晃，碎石子從鵝卵石之間的小縫隙掉了下去；再加一些，再搖晃。教授做完這些，再問學生：「現在罐子裝滿了嗎？」這一次學生不敢太快回答，大家有些不太確定：「也許沒有滿。」

「很好！」教授說完後，從桌底下拿出一袋沙子，慢慢地倒進罐子裡，並輕輕地晃動罐子。做完這些，教授繼續問：「大家覺得這個罐子裝滿了嗎？」

「沒有滿。」全班同學這下學乖了很多，很有信心地回答。

02　計畫：預見未來的行動藍圖

「非常好！」教授說完，從桌底下拿出一杯水，慢慢地倒入罐子。做完這些事情後，教授問全班同學：「請問大家，從這件事中你們得到了什麼啟示？」

全班同學陷入了一陣沉默，只有一位學生舉手回答：「這件事說明無論有多忙，無論行程排得有多滿，如果再逼自己一下，就可以做更多的事情。」答完之後，這位學生臉上洋溢著得意的神情。

教授點了點頭，微笑著說：「回答得不錯，但是還沒有回答到要點上。」說到這裡，教授故意頓了頓，用眼睛掃視了全班同學後說：「這件事告訴我們，如果不先將大的鵝卵石放進罐子裡，也許就永遠沒有機會將其他東西放進去。」

教授的話很直白地指出：做事要講究輕重緩急，一定要掌握主次輕重，這樣才能兼顧各項工作。鵝卵石、小石子、沙子、水代表的是不同的工作，它們有主次輕重之分，有輕重緩急之別，只有排列出合理的順序，才能有條不紊地做好這些事。

在工作中，我們難免會碰到各種瑣碎、雜亂的事情糾纏在一起的情況。不少人由於不懂得按照事情的輕重緩急處理，而被這些事弄得焦頭爛額，不但會耗費巨大的時間和精力，還沒能做好這些事，真可謂事倍功半。

大量研究顯示，在工作中，很多人總是按照下面的準則決定做事的優先順序：

先做緊迫的事情，再做不緊迫的事情。

先做有趣的事情，再做沒意思的事情。

先做已經排定的事情，再做臨時、突發的事情。

麥肯錫思維：排列事情的輕重緩急

先做自己喜歡的事情，再做自己不喜歡的事情。

先做自己熟悉的事情，再做自己不熟悉的事情。

先做自己覺得容易的事情，再做自己認為有難度的事情。

先做花費時間少的事情，再做耗費時間多的事情。

先做資料齊全、準備充分的事情，再做資料不齊全、準備不充分的事情。

乍一看，按照這些準則做事沒有什麼不妥，但實際上這些準則並不符合高效工作的要求。因為高效工作是以實現目標為導向的，在一系列以實現目標為唯一依據的待辦事件中，到底應該先著手處理哪些事情，後處理哪些事情，甚至不處理哪些事情呢？

對於這些問題，著名的麥肯錫公司給出的答案是：應該按照事情的重要程度編排優先次序。什麼是重要程度呢？它指的是對實現目標的貢獻多寡或價值高低。對實現目標的貢獻越多、價值越高的事情越重要，就越應該優先執行；對實現目標的貢獻越少、價值越低的事情越不重要，就越應該延後處理，甚至不處理。用一句簡單的話說，就是：「我現在做的這件事，是否使我離目標更進一步？」按照這個原則判斷事情的輕重緩急。

在麥肯錫，每個人都有一種工作習慣，就是按照工作的重要程度排序。他們在開始每一項工作之前，都會先弄清楚哪些事情是重要的，哪些事情是次要的，哪些事情是無足輕重的。每一項工作都如此，每一天安排工作都是如此，甚至一年或更長時間的工作計畫，也是這樣安排的。

在上述 8 種決定優先次序的準則中，誤導我們最深的一條恐怕是「先

02 計畫：預見未來的行動藍圖

做緊迫的事，再做不緊迫的事」。大凡低效能的人，他們每天80%的時間和精力幾乎都花在緊迫的事情上，也就是說，在他們眼裡最緊迫的事情是最重要的，應該放在首位處理。

按照這種思維，他們經常把每日待處理的事區分為如下三個層次。

第一層次：今天必須做的事情——最緊迫的事情。

第二層次：今天應該做的事情——有點緊迫的事情。

第三層次：今天可以做的事情——不緊迫的事情。

這樣排列事情的優先次序，往往會出現一個問題，就是很多重要的事情往往不緊迫。比如，向上級提出改版產品設計和包裝的建議、長遠目標的規畫，甚至身體檢查等，按照緊迫性排序，它們往往被排在最後面。所以說，按照事情的重要程度排序固然可取，但僅僅如此依然不夠，還必須結合事情的緊迫性，也就是按照事情的輕重緩急排列順序。這樣就可以把事情劃分為四個層次，如下圖所示。

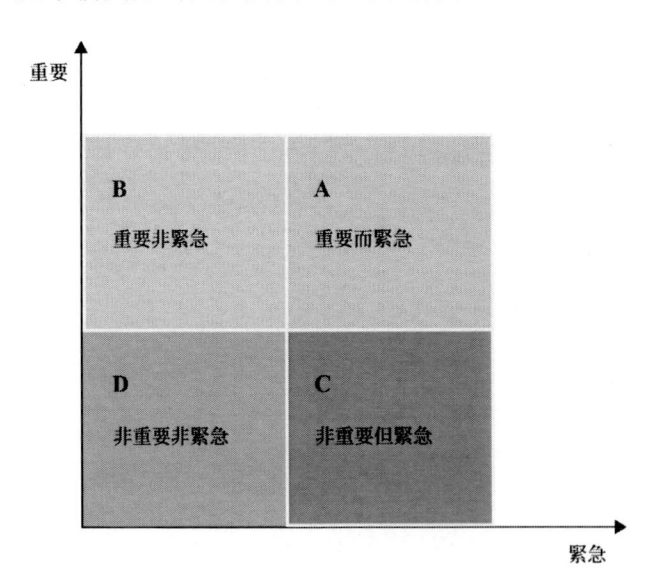

	重要	
B 重要非緊急	A 重要而緊急
D 非重要非緊急	C 非重要但緊急
		緊急

麥肯錫思維：排列事情的輕重緩急

A：重要而且緊急的事情

用一個成語來形容這類事情，就叫「當務之急」，即當前任務中最重要、最急切要處理的事情。這類事情可能是實現事業和目標的關鍵環節，可能與你的生活息息相關，它比任何一件事情都值得優先去做。所以，你應該把它安排在最優先的位置處理，把它做好你才可能順利地執行別的工作。

舉個很簡單的例子，假如有個人在沙漠裡又渴又餓，馬上就要死了，這個時候送水給他喝就是重要而緊急的事情，而送飯給他吃則是重要但不緊急的事情。因為對於一個又渴又餓的人來說，水源比食物更重要，只有先給他水喝，才能把他從死亡邊緣拉回來，然後給他食物，讓他從極度飢餓中走出來。如果你先給他飯吃，他是吃不下的，因為他早已沒有力氣吃飯了。

建議：重要而緊急的事情要毫不猶豫地執行，並要堅持到底，努力做好。

B：重要非緊急的事情

上面的例子中，給又飢又渴的人飯吃，就是重要但非緊急的事情。在工作中，類似的事情還有很多，比如指導員工的工作、讀幾本好書、和家人交流感情、控制飲食或鍛鍊身體，等等。這些事情都非常重要，因為它們會影響我們的健康、事業還有家庭關係，但是它們並不緊急，所以容易被很多人忽視和拖延，導致沒有做好。這類事情考驗的是一個人的自發性和主動性，只有當你意識到這類問題的重要性並真正重視它們時，才有可能認真對待。

建議：認清對自己重要的事情，保持主動性並自發去做這些事。

02　計畫：預見未來的行動藍圖

C：非重要但緊急的事情

這樣的事情在工作中也經常出現，比如同事請你幫他列印一份檔案，老闆請祕書幫他查個電話號碼，朋友打電話叫你現在去 KTV 唱歌，等等。這類事情不重要，但是很緊急。由於種種原因，我們常常不忍心拒絕這些事情，導致它們會影響我們正常的工作安排和生活安排。比如，你正在忙重要的工作，同事請你幫忙列印一份檔案，你不好意思拒絕，於是停下手中的工作去做，結果影響了你手頭的工作；朋友叫你去唱歌，你不好意思拒絕，結果唱到凌晨才回來，由於晚上沒休息好，第二天上班毫無精神，工作被耽誤了。

建議：學會拒絕，不要讓非重要但緊急的事情過度干擾重要的工作。

D：不重要也不緊急的事情

生活和工作中，不重要也不緊急的事情非常多，比如看電視劇、上網玩遊戲等，這些事情或許有一點價值，但是如果你毫無節制地沉溺於此，就會浪費大量的時間。與其沉迷於電視劇，不如讀幾本好書；與其上網玩遊戲，不如去健身和鍛鍊。

建議：不沉迷、不荒廢，珍惜寶貴的時間，用在最有價值的事情上（A 類和 B 類事情）。

小測試：分辨輕重緩急的能力測試

當以下 5 種情況同時發生時，你會先做什麼、後做什麼？

（1）外面有人按門鈴。

（2）家裡的電話響了。

（3）寶寶在哭。

（4）爐子上的水燒開了。

（5）開始下雨，剛剛洗好的衣服掛在外面。

解析：

確切地說，以上5件事情，不存在絕對正確的順序，因為每個人都有自己考慮問題的方式。但按照常理來說，較為符合邏輯的順序是：5、4、1、3、2。

外面下雨，衣服未收 —— 重要又緊急的事情，如果不即時收衣服，衣服被淋溼，可能會造成沒有合適的衣服換，造成生活不便。所以，必須馬上就做。

爐子上的水燒開了 —— 重要又緊急的事情，相對於收衣服，它可以緩一緩，因此排在第二。

外面有人按門鈴 —— 緊急但不那麼重要，讓按門鈴者等一下並不礙事，因為家裡有緊急且重要的事情要做，不得不延後開門。

寶寶在哭 —— 安撫寶寶是重要的工作，但算不上緊急的工作。

家裡電話響了 —— 既不重要，也不緊急，因為即使沒有即時接到電話，也可以根據來電號碼回覆。

02　計畫：預見未來的行動藍圖

計畫之外：發現問題，累積經驗

> 我只有一盞燈，正是它照亮了我腳下的道路，它就是經驗之燈。
>
> ——美國政治家派屈克・亨利

有一本書，主要內容是關於解放軍一些重要戰役的回憶，其中有一部分講述上甘嶺戰役的具體情況，有一段是這樣寫的：

某團士兵被派往上甘嶺，接替兄弟部隊負責防守任務。團長實地考察一番之後，發現上甘嶺的地形非常狹窄，不宜駐紮整個團的兵力，否則很容易被強大的美國炮火殺傷。於是，他決定安排6個連輪流堅守，每個連堅守一天。當前面的連撤下來時，會留一個排長和兩個班長，跟隨後面接班的連一起堅守，並分享當日的戰鬥情況和經驗體會，指導接班的連隊。如此輪換，接班的連隊就可以有效地累積經驗。與之類似，有一位將軍每次打完仗，就會和幾位重要參謀坐下來總結經驗，檢討一下自己的問題，為下一場戰鬥做準備。有時候還會去作戰現場重複戰鬥行動，切磋指揮得失，再將兩次總結放在一起，既肯定了成績和進步，又可以找出缺點與不足，還能明確了解今後作戰要注意什麼。這就是總結的好處，可以讓人發現問題、留住經驗，更加進步。

歐洲一家保險公司的兩位明星業務員，他們有一個工作習慣：每天中午和晚上下班後，都要回到辦公室進行一次交流。同事們對他們的行為感到好笑，因為中午大家都在吃飯喝咖啡，晚上大家都下班了，他們卻回到公司繼續「加班」。其實這完全是沒必要的，但他們卻堅持這麼

做，怎能不讓人發笑？

這兩位明星業務員為什麼來公司？為什麼在一起交流呢？他們到底在做什麼呢？同事們經過一番了解，發現他們在一起探討的是前一天或當天出現的問題，比如遇到了怎樣的客戶？為什麼沒有說服對方購買保險？有什麼更好的辦法可以說服他們？每次他們都會將自己遇到的問題拿出來討論，商議對策。

有時候，兩位業務員只有一人在場，比如另一位出差了，剩下的這位仍然會留出時間反思和總結。如果可以的話，他們會透過電話或網路進行交流和總結，這幾乎是他們雷打不動的工作習慣。也正因為如此，他們的銷售業績才會比其他同事更好，這就是他們成為公司明星業務員的重要原因之一。每天下班後的總結和反思到底有什麼作用呢？也許很多人會說：「每天都做那些事，有什麼好總結的？這不是浪費時間嗎？」其實，養成總結的習慣，對提升個人的工作水準十分有幫助。多總結，可以找出高效的工作方法。工作要努力，這肯定沒有錯，但只知道埋頭苦幹，每天都採用同樣的方法（也不管這種方法是否高效）並不明智。著名現代作家丁玲幾十年如一日地寫日記，為的是不斷總結和提升自己；魯迅幾乎每天都發表一篇文章，這些文章就是他的「日記」和「總結」。每天對自己的工作進行一次總結，透過分析工作量和工作時間，可以發現一天中效率的高峰時段和谷底時段，可以發現高效和低效的原因，從而逐漸形成一套自己獨特的效率管理方法。

多總結，可以避免重複出錯。在工作中，我們難免會犯錯，犯一次錯沒關係，但別重複犯錯。如果你重複犯錯，就不是能力問題，而是你的態度問題。而要想避免重複犯錯，最好的辦法就是養成總結的習慣，透過總結找出犯錯的原因，提醒自己下一次注意避免。這樣既可以提升

02　計畫：預見未來的行動藍圖

工作效率，也可以提升你的工作水準。

多總結，可以形成自己的一套工作流程。我們每天都在工作，每天幾乎都在做同樣的事情，有些人覺得做多了太枯燥、太無趣；而有些人則在不斷地工作中，總結出一套適合自己的高效工作流程。這兩種人的差別，就在於前一種人不懂得總結，後一種人懂得總結和歸納，懂得在熟悉的工作上創新工作方法。

總結工作是一個將以往經驗不斷延續下去，並在此基礎上發揮個人的聰明才智，不斷創新工作方法的過程。可以說，沒有總結就沒有提升。一個不懂得對自己的工作進行總結的人，隨著時間的推移，他的寶貴經驗就會慢慢蒸發。這樣的人即便做同一項工作 10 年、20 年，他的能力還是在原地踏步，甚至會倒退。因為隨著時代發展和競爭加劇，工作要求會不斷提升，而他們不提升自己，自然不進則退。

總結越充分，越能夠提升自己的感悟能力；總結越深刻，對工作的理解越有深度；總結越完備，越有助於提升工作技巧。難怪有人說，工作能力是不斷總結出來的，工作業績是在總結中不斷提升的。職場是公平的，高效能的職場人士之所以高效，原因很簡單：因為他們比其他人更善於總結，更懂得在總結中提升自己。

1. 總結的分類

業績是總結出來的。總結有很多類別，有日總結、週總結、月總結、年總結，還有一項工作完成後的總結、完成過程中階段性的總結。事實上，總結沒有固定的時間限制，沒有人規定多長時間總結一次，也沒有人規定什麼階段才應該總結。這完全是一種自發、主動、隨意的思維活動。只要你願意總結，每做完一項工作都可以花 1 分鐘時間進行小

結。切記：不要為了總結而總結，也不要在總結上耗費過多的時間和精力。

2. 值得總結的幾個問題

有著「現代公共關係學之父」美譽的美國效率專家艾維‧利十分推崇事後總結，他建議人們每天都要設定需要完成的目標，無論這些目標是否完成、完成得好不好，一天結束時都應該坐下來總結一下。拿出你的待辦事項清單，對照上面的事項，反思自己：

這一天究竟發生了什麼事？

自己又做了什麼事？

做得怎麼樣？

哪些地方做得好？

哪些地方有所不足？怎樣改進？

對一整天工作進行檢討，並根據檢討的結果制定明天的目標計畫，可以促進你不斷進步。孔子曾說：「吾日三省吾身。」高效能人士大多有自我反省的習慣，他們在反省時通常都會關注以上幾個問題。透過不斷地自我反問和回答，得出改進的策略和辦法。

3. 畫一張簡單的總結表

總結工作中的經驗教訓，並不只是在大腦裡反思，最好用筆和紙記錄下來，這樣可以加深印象，也便於以後經常翻閱，提醒自己注意改進的地方。而且，最好製成表格形式，便於直觀地閱讀。

02　計畫：預見未來的行動藍圖

小練習：用簡單的表格總結你的一天

按照下面表格的形式，總結你的一天。

2023 年 4 月 25 日總結表	
這一天究竟發生了什麼事情？	事件 1、事件 2、事件 3⋯⋯逐一列出來。主要記錄與工作有關的大事，雞毛蒜皮的小事忽略不記。
今天我做了什麼事？	做了什麼⋯⋯明確地列出來，實事求是地記錄。
與昨天計劃的待辦事項對照，我今天做到了什麼程度？	比如，昨天計劃今天要完成 5 件事，今天完成了 4 件事，並且很完美，代表完成了 80% 的工作。
接下來，我該做什麼？	今天剩下一件事沒完成，明天繼續完成。同時，把明天的工作列出來，為明天做工作安排。
從今天的工作狀態中，有什麼感想和收穫？	今天的工作狀態較好，但期間上網看新聞耽誤了 30 分鐘，明天要避免這樣，爭取完成明天所有的待辦事項

03
行動：
將計畫付諸現實的關鍵

　　行動是計畫與目標之間的橋梁，沒有這座橋梁，你只能在計劃之後短暫地感受一下自欺欺人的喜悅，然後站在美好的計畫上望洋興嘆。擁有高效的執行方法，一切工作都會變得簡單，達成一切目標都不再困難。

03　行動：將計畫付諸現實的關鍵

艾維・利：永遠先做最重要的事

> 我可以給你一些忠告，而且可以使你的公司業績至少提升 50%。
>
> ——美國效率專家艾維・利

時間對每個人來說都是有限的，在有限的時間內，怎樣才能獲得最高的工作效率呢？這就要求對工作有所排序、有所選擇、有所取捨，即把你認為最重要、最有價值，對你實現目標最有貢獻的事情排在第一位，首先把這類事情做好，才是最有效的工作原則。

最重要的事情分為兩類：一類是重要且緊急的事情，另一類是重要但不緊急的事情。因此，在嚴格遵從「最重要的事情優先」的原則時，還需考慮做事情的緊急程度。就像消防員救火時，他們不但要救人，還要救火。救人是最重要的，但救火是非常緊急的，完美兼顧兩者，才是最成功的救援。身在職場，你可能每天都會面對一大堆工作，先做哪些事情，後做哪些事情呢？也許有些人會感到無從下手，於是想做什麼就做什麼，甚至不分輕重緩急，最後往往既費時費力，又沒有取得預期的效果。其實，最高效的做法就是先做最重要的事。

查理斯・舒瓦普是美國伯利恆鋼鐵公司的總裁，他曾因為個人工作效率低下的問題向效率專家艾維・利請教：「艾維・利先生，你能給我一些工作上的忠告嗎？讓我把公司管理得更好！」舒瓦普表示自己懂得如何管理，但事實上管理效果不盡如人意。他有豐富的管理知識，但在執行效率上有所欠缺。舒瓦普對艾維・利說：「每天我應該做什麼，這個我

很清楚，我只需要你告訴我如何執行計畫！」

艾維·利說：「我可以給你一些忠告，而且可以使你的公司業績至少提升50%。」說著，他拿出一張白紙和一枝筆，並遞給舒瓦普：「請把你明天要做的最重要的6件事寫在這張紙上。」

舒瓦普寫完之後，艾維·利對他說：「現在用阿拉伯數字把每件事對你和公司的重要性標出次序。」很快，舒瓦普就標好了次序。

艾維·利接著說：「現在把這張紙放進口袋。明天來到公司，第一件事就是拿出紙條，做第一重要的事情。做完之後，再去做第二重要的事情，以此類推下去，直到你下班為止。」

舒瓦普疑惑地問：「如果我下班了，這6件事沒有做完怎麼辦？」艾維·利說：「不要緊，就算你只完成了一件事，你也是在做最重要的事。」艾維·利補充道：「每天你都這樣做，當你發現有效果後，叫你公司的人也這樣做。當你覺得我這種方法真的幫你提升了公司效益時，寄一張支票給我，你認為我的建議值多少錢就給我多少。」

整個會面不到半小時就結束了，幾個星期後，舒瓦普寄給艾維·利一張2.5萬美元的支票，還附上一封信。信上說：「如果單純從金錢的角度來看，你給我的建議是我一生中最有價值的一課。」

5年之後，這個當初不為人知的小鋼鐵廠，一躍成為世界上最大的獨立鋼鐵廠，其中艾維·利的建議功不可沒。

永遠先做最重要的事，這就是艾維·利高效工作的精髓，這個工作原則對每個身在職場的人都有幫助。想要做到永遠都在處理最重要的事，你需要做到兩點：

03　行動：將計畫付諸現實的關鍵

1. 每天開始時，把各項工作按重要性排序，把最重要的工作排在第一位

工作要有章法，不能眉毛鬍子一把抓，這樣才能按部就班地把事情做好。不過，在權衡各項工作的重要性與緊迫性時，經常會讓人困擾。正如法國哲學家布萊斯・巴斯卡所言：「把什麼放在第一位，是人們最難學會的。」

許多職場人士不幸被這句話言中，不知道哪項工作是最重要的，哪項工作是次要的，他們以為工作本身就是成績，只要自己沒有偷懶，一直在忙碌著，就是優秀的表現。其實，這是非常愚蠢的想法。

要知道，職場是講究效率的地方，公司是追求利潤的地方，同樣的上班時間，老闆肯定更喜歡工作成果多的人。因此，要想贏得信賴和認可，要想在職場中表現優異，必須分得清事情的輕重緩急，永遠把最重要的事情放在首位並且努力做好。

那麼，怎樣才能正確地權衡事情的重要性呢？對於這個問題，不妨借鑑一下比爾・蓋茲的做法。比爾・蓋茲在確定工作的重要性時，有三個判斷標準。

標準1：明確了解什麼是你必須做的。

這包含了兩層意思：一、是否必須做，二、是否必須由我做。只有在非由你做不可的情況下，你才應該將其納入計畫表中。否則，你可以委派給別人處理，自己只負責監督（這是對於管理者而言，對於普通員工就享受不到這種權力了）。

標準2：確定哪項工作能給你最高的回報。

所謂「最高的回報」，即符合你的最大目標，並且比其他任何事情都能讓你更快地邁向這個目標。例如，以一位普通的業務看來，最高的回

報是首先拜訪最大的客戶，因為這位客戶有可能給他最大的回報，讓他快速完成月銷售額。

標準3：確定哪項工作能帶給你最大的滿足感。

有時候能得到最高回報的事情，並不等於能帶給你最大的滿足感，想要獲得滿足感，你必須平衡各項工作。因此，無論你的地位高低，總要把一些時間分配到令你愉快和滿足的事情上，這樣工作才不至於枯燥無味，才更有利於保持工作熱情。總是分配時間在令人滿足和快樂的事情上，唯有如此，工作才是有趣的，才能更容易保持工作的熱情。

透過三個標準的篩選，你就清楚了解事情的輕重緩急，然後把它們排出順序，並堅持按這個順序執行，你將發現，再也沒有什麼辦法比按重要性原則工作更高效率了。

2. 按照事情的次序，製作一個進度表

電腦界的「商業鉅子」羅斯·佩羅（Ross Perot）曾經說：「凡是優秀的、值得稱道的東西，時時刻刻都處在刀刃上，要不斷努力才能保持刀刃的鋒利。」羅斯很早就意識到，確定了事情的重要性之後，不等於這些事情就會自動做好，還需要花費大量力氣把這些事情落實到行動上。

每天都把工作安排好，這是你把工作落實完善的關鍵。這樣可以保證你時時刻刻都能集中精力處理最重要的工作。但如何才能把每天計劃好的工作完成呢？就像艾維·利提出的那樣：每天列出6件重要的事，排好次序依次執行，直到下班為止。這6件事如果不能當天完成，勢必會影響第二天的工作和計畫。

因此，努力做到「當天工作當天完成」很重要。為此，你有必要製作一份工作進度表，嚴格計劃和控制每項工作的完成時間。如同下圖所示：

03 行動：將計畫付諸現實的關鍵

按重要性排序的工作	每項工作完成的預設時間
①……（具體什麼工作自己填寫）	9：15～10：15
②……	10：20～11：00
③……	11：05～11：50
④……	13：35～14：35
⑤……	14：40～15：40
⑥……	15：45～17：30

在安排工作時間時，每項工作完成後給自己 5 分鐘的休息時間，喝一杯水，或起身去一趟廁所，然後進行下一項工作。工作時間的安排，要結合工作難易程度和工作量多寡來決定。如果這一天真的無法完成這 6 件事，那也不要緊，只要你能保證按照這個表格進行工作，你就始終都在做最重要的工作。然後，把剩下的工作放到明天的計畫表裡，再去完成。當然，對於很多職場人士來說，每天要面對的工作往往不會超過 6 件，也許只有兩、三件，甚至只有一件，這時你也可以劃分工作時段，要求自己每一時段完成多少工作，如此可以保證你的工作效率。

職場金句：

　　雖然人類基本上是「多功能的工具」，有能力同時做好幾件事，但是如果要讓人產生最大貢獻，最好的辦法就是把自己和組織的時間與精力，一次只集中在一件事情上。而且，總是先做最重要的事。

── 美國管理學大師彼得・杜拉克

03 行動：將計畫付諸現實的關鍵

王老闆：不浮躁，從最不願意做的事情做起

> 第一，不能浮躁；第二，做不願意做的事情。從你可能不願意做的事做起，並把它做好，再一步做好，那麼機會就會隨之而來。
>
> —— 企業家王老闆

如果你是一個愛閱讀的人，你會發現：幾乎沒有一本書中提倡要做自己最不願意做的事情。古今中外，不論是富可敵國的商人，還是學識淵博的學者，他們都在提倡要做自己感興趣的事情，要做自己喜歡做的事情。可問題是，世界上哪有那麼多你喜歡的，剛好又讓你做的事情？

當你面對一些自己喜歡的事情和一些自己不喜歡的事情時，甚至當你面對的全都是自己不喜歡的事情時，該怎麼辦呢？難道你只做自己喜歡的事情，把自己不喜歡的事情留在那裡不管嗎？當然不行，因為工作就是執行，屬於你的工作你就要負責，否則就是不稱職的員工。

事實上，能否完成你不願意完成的工作，大多時候不是能力問題，而是態度問題。如果你能丟掉浮躁和抱怨，從自己最不願意做的事情做起，把不喜歡的事情做好，那麼你的核心競爭力也就在無形中加強了，這將是你在職場中競爭的重要本錢。

創新工場總裁兼執行長李開復曾經說：「有理想並追尋理想是好的，但只有先把分內的事做好，才有資格期望更多。」如果你是一名理髮師，你首先應該把客人的髮型理好，才有資格成為別人的形象顧問；如果你剛進入職場，並且分配到自己不喜歡的工作，那你首先要做的是把這份

> 王老闆：不浮躁，從最不願意做的事情做起

工作做好，這樣你才有可能獲得升遷和發展。

王老闆認為，浮躁是現在人們普遍存在的一種心理，大家恨不得今天讀一本書，明天馬上見效；恨不得上午聽到一句名言警句，下午就能幫助自己成功。王老闆也浮躁過，他深知浮躁對成功的阻礙，所以他建議職場中的年輕人不要急於求成。

在拋棄了浮躁之心後，再去做自己不願意做的事情，這樣會讓你的身心得到磨練，讓你變得更加成熟和穩重。王老闆曾經是一名軍人，復員之後當過工人，那時候他是汽車兵，汽車兵很好找工作，比如，找個開小車、開卡車或開公車的工作。但是他沒有選擇那些工作，而是選擇揮動大鎚。這並不是他願意做的工作，但他還是選擇了，因為他不願意一輩子做司機。

在工廠裡，王老闆是將這份工作做得最好的人，所以工廠裡的老師傅就推薦他上大學。推薦的學校不是他喜歡的，專業也不是他喜歡的，但是他在大學三年的時間裡沒有浪費光陰，而是認真地學習經濟學和英語。大學畢業後，他對自己在外貿局的工作不滿意，於是到外地闖蕩，後來闖出了自己的一番事業。

王老闆說：「可能你現在不如意，不妨降低身段，從你可能不願意做的事情做起，並把它做好，再一步做好，那麼機會就會隨之而來。相反，你越急於求成，越要馬上表現自己，往往越不容易成功。」

王老闆的一番忠言對每一位職場人士都有警示作用。無論是對待本職工作，還是對待自己的人生，我們都不能被浮躁擾亂了心志，而要放下浮躁，學會腳踏實地去行動，哪怕最開始做的是自己不願意做的事情。

事實上，你不願意做的事情，往往也是別人不願意做的事情。在大

03 行動：將計畫付諸現實的關鍵

家都不願意做這件事時，如果你認真去做，那麼往往會獲得別人無法獲得的機會。如果你能把握好這個機會，那麼離成功就不再遙遠了。

美國有一家嬰幼兒用品專賣店，為了解決父母繁忙沒時間買嬰幼兒用品的煩惱，增加了「打電話送貨上門」的業務。有了這項業務之後，誰負責送貨呢？公司的員工都不願意做，畢竟這是一份辛苦的工作。一名新來的員工接受了這份工作，而且做得非常好。幾年後，他開了自己的「送貨上門」公司，專門為全城的嬰幼兒用品專賣店送貨，隨叫隨到，只收 15% 的服務費。結果，他的生意越做越好。

美國管理學家 D・韋特萊（Denis Waitley）指出，成功者所從事的工作往往是絕大多數人不願意做的。這就是著名的「韋特萊法則」。想要做好「最不願意做的事情」，應注意以下兩點：

1. 想辦法讓自己產生「做不願意做的事情」的動機

美國心理學之父威廉・詹姆士（William James）對時間行為學進行研究之後，發現人們對待行動有兩種態度：一種態度是這項工作必須完成，但它實在討厭，所以我能拖便盡量拖；另一種態度是這雖不是項令人愉快的工作，但它必須完成，所以我得馬上動手，好讓自己能早些擺脫它。

詹姆士說，如果你有了「做不願意做的事情」的動機，就要迅速踏出第一步，這非常重要。你只需要強迫自己去做你不想做的、你想拖延的事情，並且作為每一天的開始，你每天都可以選出這一天中你不想做的一件事，養成這種習慣。

從自己最不喜歡做的事情開始做，到底有什麼好處呢？詹姆士表示，當你一開始就去做自己不喜歡做的事情，並且將它搞定時，你內心

的所有擔憂和煩惱都不見了，你會產生一種成就感，並帶著這種成就感，輕鬆地去做你喜歡做的事情，這樣可以提升你的工作效率。

2. 在做你不願意做的事情時，要重視其中的每一個細節

有些人雖然接受了不願意做的事情，但想法上不夠重視，態度上不夠認真，導致做出的事情效果不好。這是應該避免的。做不願意做的事情，不能滿足於敷衍了事，而應該做好，否則就別做。

1970年代初，美國麥當勞總公司進軍臺灣市場。在正式進軍前，他們在當地舉行了一次公開應徵活動。他們選擇人才有自己的一套高標準，很多人都沒有通過。經過層層篩選，一位名叫韓定國的年輕人最終被留了下來。

這並不代表著面試結束，相反地，對於韓定國的最終面試，麥當勞公司格外重視，其總裁當面與韓定國談了三次，並問了他一些意料之外的問題，比如「假如讓你去洗廁所，你願意嗎？」還未等韓定國開口，一旁的韓太太就說：「在我們家，廁所一直是他洗。」

總裁十分高興，免去了最後的面試，當場決定錄用韓定國。進入麥當勞之後，韓定國最先開始接受的是洗廁所訓練。因為從事服務業要有良好的工作態度，從卑微的工作做起，可以更加了解「以家為尊」的服務理念。在洗廁所時，韓定國十分注重細節，把任何一個可能留下細微汙漬的地方都洗得十分乾淨，贏得了麥當勞總公司的高度認可。後來，韓定國成了知名的企業家，而他最開始就是從自己不願意做的事情做起。

不要輕視任何一件你不願意做的事情，因為哪怕這件事是一件小事，小到不值一提，小到任何人都不屑去做，它裡面也蘊藏著機會。當你重視它，並做好其中的每個細節時，你就比別人多了一個成功的機會。

03　行動：將計畫付諸現實的關鍵

小測試：你浮躁嗎？

（1）你很難控制自己的情緒，遇事容易急躁。

（2）你經常心神不定，煩躁不安。

（3）你有盲從心理，做事時容易頭腦發熱，想到哪裡做到哪裡。

（4）你見異思遷，做事情不容易堅持到底。

（5）你脾氣暴躁，整天無所事事，喜歡耍小聰明，投機取巧。

（6）你經常想一些不切實際的事情，好高騖遠，常常換工作。

（7）你在找工作時，總想著進500強之類的大公司，但由於對自己認知不足，結果經常碰壁。

（8）喜歡結識一些比自己優越的人，瞧不起不如自己的人。

測試結果：

對於上面的8個問題，如果你有至少5個回答「是」，那麼你的浮躁心理較強。你要做的是正確認知自己和現實，學會腳踏實地工作。

效率大師：類似的工作一起做

> 生活越來越忙亂，日常繁雜的工作日積月累，我們必須加快速度跟上腳步，找到自己的定位。
>
> ──美國時間管理大師希魯姆・W・史密斯

生活中，你是否有過這樣的經歷：如果外出購物，乾脆就把家裡所缺的東西一次買回來，而不是買了蔬菜、水果，回到家裡又去買稻米、食用油，再去一趟購買牙膏、牙刷、毛巾；如果收拾房間，乾脆就將客廳、房間、廚房、洗手間等一同打掃一遍，大不了花兩個小時；如果看電視，乾脆就給自己留出週末時間，準備一些零食水果，安心地坐在沙發上一次性將一部電視劇看完……

以上做法有一個共通點，就是將類似或相同的工作放在一起做。這樣的好處就是集中化解決，與批次購買的道理差不多，它最大的好處就是節省成本。批次購買東西（批發東西）節省的是經濟成本，批次做事節省的是時間和精力上的成本，讓你在單位時間裡獲得更高的效率，而且能夠輕鬆地完成工作任務。

在生活中，我們可以透過集中解決的辦法處理煩瑣的事務；在工作中，我們同樣可以採用這種辦法提升工作績效。如果你是一名業務員，下面兩種工作方式，你更喜歡哪一種呢？

第一種：每天上午去公司一趟，和上司打個照面之後，打電話預約客戶，然後去拜訪客戶；拜訪完一個客戶，回到公司裡坐一下，再打電話約客戶，再去拜訪客戶；中午回到公司，吃個員工餐，預約下午的客

03　行動：將計畫付諸現實的關鍵

戶，然後出去拜訪客戶。

第二種：一週來公司兩天（週一、週二），這兩天集中電話回訪、預約客戶；剩下三天（週三、週四、週五）用來拜訪客戶，由於週一、週二已經把該拜訪的客戶規劃好了，並且透過電話完成預約，週三、週四、週五便可以直接上門拜訪；由於拜訪完客戶不用再回公司交接什麼工作，所以可以連續拜訪，並且可以根據客戶所在地，有計畫地拜訪。比如，有兩、三個客戶所在地比較靠近，可以根據出行路線逐一拜訪。這樣就不用這裡跑一趟、那裡跑一趟。

對比以上兩種工作方式，你願意採用哪種呢？即便拋開第二種工作方式更加自由這點不說，大多數人也更願意選擇第二種工作方式，因為它減少了來回「折騰」，確保了工作效率，可以讓人更輕鬆地應對工作。這就是把類似工作放在一起集中處理的好處，它減少了不同類工作之間的思維轉換和停頓交接，節省了時間和精力，也節省了腦力和體力，是高效能人士常用的工作方法。

另外，由於你在某一時段集中處理某一類工作，在你不斷重複這類工作時，你會熟能生巧，這能讓你獲得比個別執行各項工作更高的效率。就像你在某一時段整理檔案，整理得順手了，你就會熟能生巧，找到更快捷的整理辦法一樣。

在工作中，有時候你面對的事情多如牛毛，而且各種事情的性質不同，這個時候該怎麼處理這些事情呢？這就需要你花點時間思考這些事情之間有什麼共通點和差異點。接下來，我們以一位祕書的身分，列出一天中面對的各項工作，看看應該如何分類工作。

祕書早上來到辦公室，面對的工作有這些：幫上司泡一杯咖啡、打掃上司的辦公室、整理上司桌子上的檔案、郵寄一份資料給客戶、列印

效率大師：類似的工作一起做

一份檔案、購買列印紙、寫一份企劃案、準備一份演講稿、購買辦公用品以及為上司約幾位求職者進行面談。

看到這些工作，你是不是覺得腦子裡亂亂的呢？到底該從哪裡下手完成它們呢？下面我們來看祕書是怎麼做的。

1. 將待辦的工作歸類

第一類：收拾打掃類工作。

打掃辦公室、整理桌子上的檔案、為上司泡一杯咖啡。

第二類：需要出門類工作。

購買列印紙、購買辦公用品、列印一份檔案。

第三類：電話預約類工作。

郵寄一份資料給客戶、約求職者。

第四類：耗費腦力類工作。

寫一份企劃案、準備一份演講稿。

經過一番歸類，看似雜亂無章、令人無所適從的工作就變得條理清晰了。

2. 按照輕重緩急排序

前面我們多次提到，高效能人士的工作方式就是按照工作的輕重緩急排出次序，然後逐一解決。作為公司的祕書，應該結合自身工作的性質──服務性質，進行排序：

（1）收拾打掃類工作（①整理桌子上的檔案；②打掃辦公室；③為上司泡一杯咖啡）。

03 行動：將計畫付諸現實的關鍵

(2) 需要出門類工作（①購買列印紙；②購買辦公用品；③列印一份檔案）。

(3) 電話預約類工作（①郵寄一份資料給客戶；②約求職者）。

(4) 耗費腦力類工作（①準備一份演講稿；②寫一份企劃案）。

當然，這種排序不一定符合個人的工作習慣，而且這些工作的輕重緩急因人而異，還需結合實際情況排序。

3. 充分考慮特殊因素

類似的工作一起做，並不是死板的教條，它只是在實際情況允許的情況下所採用的一種高效工作方式。比如，上文說的一週兩天去公司，剩下三天去拜訪客戶。如過想做到這一點，前提條件是公司的制度允許這種出勤方式。祕書對工作進行分類並排序時，也要根據具體事務的輕重緩急。比如，總經理馬上就要開會了，需要演講稿，那麼祕書就應該把準備演講稿這項工作挑出來，放在優先位置妥善處理。

職場忠告：

把相同性質的工作歸為一類，集中在某一時段處理。

杜拉克：督促自己執行計畫中的事項

> 我們應該將行動納入決策當中，否則就是紙上談兵。
>
> ——現代管理大師彼得・杜拉克

很多人喜歡計畫：計劃去旅遊、計劃去健身、計劃開公司、計劃讀一本好書、計劃看一場電影等。在有了這些計畫之後，他們總是自我感覺良好，似乎一件事一旦有了計畫，就好像完成了一樣。然而，涉及計畫的執行時，他們的表現又是另一種狀態——堅持幾次就失去了熱情，最後以放棄收場。

有計畫不去執行，比沒有計畫更糟糕。因為計畫多了，人會陷入盲目的興奮和自我感覺良好中，久而久之，就很容易變得只會做計畫，不會去執行，最後變得自欺欺人。比如，計劃一個創新專案，剛開始沒多久就碰到了困難，接著冒出另一個點子，於是把精力放在新的點子上，把之前的創新計畫丟在了一邊。時間一長，計畫也就失去了魅力，讓人絲毫沒有執行的熱情。

所以，我們不能滿足於只有計畫，還必須督促自己依照計畫做事，堅決執行計畫，這樣才有可能把計畫變成現實。在這方面，美國著名的心理學家加里・弗里斯特，值得每一個渴望達成目標的人學習。

加里・弗里斯特是一個嚴格依據計畫做事的人，他曾在開門診的同時，利用閒暇時間寫了 14 本書。他是怎麼做到的呢？原來，他有一個非常周密的計畫，在這個計畫裡，他把寫作放在首位，並設定了寫作的時

03 行動：將計畫付諸現實的關鍵

間，即每個週一的上午 9：00~11：30 和下午 1：00~4：00。在這兩個時段裡，他從不接電話、出差或做家務。

除了週一以外，每週還有兩、三天會這樣安排寫作時段，但他最看重週一，因為他認為週一會為一週的工作定下基調。正是靠著這樣始終如一地堅持按計畫做事，加里・弗里斯特取得了優良的寫作成果。加里・弗里斯特的故事說明了一個道理：想要做出成績，就必須做到時間固定、雷打不動、確保有效，也就是嚴格按照計畫行事。

1. 把你的目標分解成具體的步驟

在做一項工作之前，應該將這項工作分解成多個具體的步驟。這樣可以在清晰的目標引導下，高效率地達成目標。比如，你要送一份重要的資料給客戶：第一步，要確認那位客戶的公司地址和在公司的時間，這就需要打電話詢問；第二步，根據對方的地址查詢線路；第三步，結合你的時間安排和對方在公司的時間，找一個恰當的時間出發，把資料送去給客戶。

有了具體清晰的步驟，你是否覺得執行起來難度小很多呢？尤其是在面對較為複雜的工作時，假如不將其細分為具體的步驟，你很可能會感到無從下手。所以，把目標細分為具體的步驟有其必要性。事實上，細分後的每個步驟，就是一個小目標，透過完成這些小目標，便可一步步地實現大目標，整個過程會輕鬆很多。

2. 按照具體的執行步驟去行動

把大目標拆分成具體的執行步驟，代表著你可以輕鬆地把一切活動、所需要的工具，甚至工作地點的選擇等事項都變得具體明晰可見，

> 杜拉克：督促自己執行計畫中的事項

而不只是一堆籠統的廢話。有了明確的步驟後，剩下要做的就是按步驟執行。

現代管理大師彼得・杜拉克曾經說：「卓越成效如果說有什麼祕訣的話，就是善於集中精力。卓有成效的管理者總是把重要的事情放在前面先做，而且一次只做好一件事。」怎樣才能保證一次做好一件事呢？就是嚴格按照計畫行事，確保計畫執行的每一步都不受干擾、專注到底。為此，杜拉克還講述了一個他親身經歷的故事。

杜拉克曾經與一位銀行總裁一起工作兩年，在這兩年時間裡，每個月他都有一次機會與總裁會晤，每次會晤的時間只有一個半小時。會晤之前，總裁總是事先做好充分準備，這也使杜拉克學會了事先做好準備的方法。

每次會晤他們只談一個議題，談到 1 個小時 20 分時，總裁就會對杜拉克說：「杜拉克先生，你能把我們所談的內容歸納一下，並概括地說一說下次我們會晤的議題是什麼嗎？」等會晤時間滿 1 小時 30 分時，總裁會站起來與杜拉克握手告別。

會晤持續了一年後，杜拉克終於忍不住問總裁：「為什麼每次會晤你只給我一個半小時呢？」

總裁回答說：「很簡單，因為我的注意力只能集中一個半小時，如果我們談論一個議題超過一個半小時，我們的談話就沒有新意了。而如果我們的談話時間少於一個半小時，重要的問題就無法討論透澈。」

每次會晤都在總裁的辦公室進行，令杜拉克好奇的是，在這期間從來沒有什麼電話騷擾，也不曾看到總裁的祕書在會晤期間進來報告什麼，比如有重要的人物因緊急事務要求會見。

有一天，杜拉克提起此事，總裁回答說：「我早就告訴我的祕書，

03　行動：將計畫付諸現實的關鍵

在各種會晤期間，不接任何電話。當然，除非美國總統和我的太太打電話來，不過總統極少打電話來，而我的太太非常了解我的工作習慣，也不會打電話過來。至於其他的事情，一概由祕書作主，直到會晤結束後再向我彙報。」為什麼這位總裁能在會晤的一個半小時內，做到不被任何事務干擾呢？因為他可以做到嚴格按照計畫進行會晤，並且已經養成習慣。他的祕書熟知這種習慣，也會積極配合，這才有不受干擾的會晤，才有高效的會晤。忠於自己的目標和計畫，在正確的時間做正確的事，並把事情做好，這是高效能人士的行事風格，也是通往成功的良好習慣。

職場忠告：

　　做計畫不難，難的是堅持按計畫做事，因為最難做到的事是持之以恆地做容易執行的事。

杜拉克：學會對無關緊要的事情說「不」

> 有效率的工作者做事必須先做首要任務，而且要專一不二。
>
> —— 美國管理學家杜拉克

一張寫滿煩瑣待辦事項的紙，一堆亂七八糟的檔案……當你的辦公桌呈現這樣的狀態時，你的工作已經成了一張被塗鴉的畫布。如果不想讓寶貴的時間付諸東流，不想讓重要的工作被耽擱，不想讓工作效率低下，不想讓自己忙碌得毫無成效，你就有必要學會對無關緊要的事情說「不」。你要做的就是換一張畫布，在上面標出重要的工作，並將他們設定次序。對於那些不太重要，甚至無關緊要的事情，你應該禁止它們出現在這張新的畫布上。

古人說：「有所為，有所不為。」身在職場，如果你想高效地工作，就必須明確分辨哪些工作應該做，哪些工作不應該做。對於應該做的工作，全力以赴去做好；對於不應該做的工作，如果有時間就做一做，如果沒時間就丟在一邊。這樣可以讓你把有限的時間用在最需要完成的工作上，讓你輕鬆地面對工作。

知名管理培訓專家余世維曾說，不要花太多時間在小問題上，而要多花時間在重要的目標上。如果你把精力放在小問題上，就會忘記重要的目標，沒有精力去完成目標。很多職場人士看起來很忙，其實常常都是瞎忙、亂忙，這種忙碌產生的結果往往是：花了90%的時間，對公司只做了10%的貢獻，導致這種沒有效率的忙碌的最主要原因就是，過分

03　行動：將計畫付諸現實的關鍵

地關注無關緊要的小問題。

美國著名管理學家杜拉克在《卓有成效的管理者》中指出，有效工作者做事必須先做重要的事情，而且要專一不二。什麼叫專一不二呢？就是在做事時不受其他事情的干擾，不參與、不接觸與此無關的小事，以確保集中時間和精力做好重要的事情。

的確，最容易陷入的情形就是忙碌，最難做到的就是有效率地工作。要想避開這種低效率工作的惡性循環，進入高效工作的模式，最好的策略就是化繁為簡，善於把複雜的事物簡明化，把雜亂的工作簡單化，以防止忙亂，保證獲得事半功倍的工作效果。

具體的做法可以參考美中貿易全國委員會主席唐納德·C·伯納德提出的「三原則」。

原則1：能不能取消它？

原則2：能不能把它與別的事情合併起來一起做？

原則3：能不能用簡便的方法取代它？

在這三大原則之下，我們在檢查分析每項工作時，應該首先問自己幾個問題：

1. 為什麼需要做這項工作？

為什麼要做這項工作？是依據習慣而做，還是別人要求你做的？可不可以把這項工作省略掉，或者省略掉其中一部分呢？透過問自己這些問題，想辦法簡化，甚至忽略這項工作，以避免它影響我們做重要的工作。

2. 如果必須做這項工作,應該以什麼方式執行?

如果必須做這項工作,應該以什麼方式執行?是邊聽音樂邊做,是坐在辦公桌前苦思冥想,還是求助於人?

3. 什麼時候做這項工作最合適?

對於必須做的工作,早做晚做帶來的連鎖反應是不同的。如果有更重要的事情要做,那麼手頭上的這項工作是否可以延後?如果在閒暇時間處理,會不會影響重要工作的進展?

4. 誰來做這項工作更好?

當上司給你安排一項無關緊要的工作,而你手頭正忙著重要工作時,你可以說明情況,建議上司安排別人去做。當你忙碌於重要工作,見到一旁的同事正閒著沒事做時,你可以請他幫個小忙,讓他幫你處理一些無關緊要的工作。這樣可以幫你避免無關緊要工作的干擾。

5. 做好這項工作的關鍵是什麼?

思考做好這項工作的關鍵是什麼,就像前文所說,要找出解決問題的第一步,找到主要矛盾和關鍵癥結點。這樣才能有的放矢,一舉搞定這項工作。

職場金句:

不浪費時間,時時刻刻都做些有用的事,戒掉一切不必要的行動。

—— 美國政治家班傑明・富蘭克林

03　行動：將計畫付諸現實的關鍵

04
掌控時間：
時間管理的終極密碼

「時間最不偏心，給任何人都是一天 24 小時。時間也最偏心，給任何人都不是一天 24 小時。」這是著名生物學家赫胥黎說過的話，你怎麼對待時間，時間就會怎樣回饋你。

04 掌控時間：時間管理的終極密碼

菁英守則：永遠不要遲到

> 若非不可控因素，絕對不要遲到。
>
> ——菁英守則

遲到是生活中一種十分常見的現象，很少有人敢拍著胸脯說：「我從來沒有遲到過。」無論是上班，還是與朋友約會，遲到現象都可能會發生。因為一個時間觀念再強、再敬業的人，也預測不到路途上的意外情況，或許前方發生交通事故導致塞車，或許自己生病了身體不舒服，或許因為家裡突發事情導致耽誤了時間，類似的原因是真實存在的。偶爾遲到並非什麼罪過，不重視遲到問題，處處表現得消極懶散才是罪過。

對於遲到問題，常見的錯誤認知或處理方式有這樣幾種：

(1) 有些人覺得遲到了沒什麼大不了的，不就是晚到公司幾分鐘嗎？下班後在公司多待幾分鐘，把遲到的時間補回來不就得了？

質問：國有國法，家有家規，公司有制度、規範，按時上班是公司對員工的基本要求，你一人遲到，耽誤的不僅是你個人的上班時間，還會影響公司的工作氛圍。當大家都在專注工作時，你姍姍來遲，走進公司時會不會分散大家的注意力，影響大家的工作呢？

(2) 有些人喜歡在遲到時給自己找藉口，什麼「路上塞車」、「早上起床身體不舒服，比如拉肚子、頭痛等」，想透過找藉口來避免尷尬和懲罰。

質問：我們不排除上班遲到是因為路上塞車、身體不舒服等原因，但如果你總是以這樣的理由為自己的遲到行為開脫，會不會太沒有說服

> 菁英守則：永遠不要遲到

力，讓人覺得虛假呢？為什麼別人上班很少塞車，偏偏你運氣那麼差，三不五時就遇上塞車？如果你真的經常遇到塞車，那你為什麼不早一點起床，提前一點出門呢？

(3) 最令人討厭的是，有些員工屢次遲到後，老闆、上司、同事提醒，公司依據考勤制度罰款，員工始終不思悔改，繼續任意妄為，根本不把遲到問題放在眼裡，毫不在意上司怎麼看自己，同事怎麼評價自己，擺出一副「我就遲到，怎麼了」的厚臉皮姿態。

質問：頻繁遲到，屢教不改，根本不把公司的制度和老闆、上司，以及同事的感受放在眼裡，擺出一副「死豬不怕開水燙」的姿態，這種人在公司工作的時間不會太長，如果他不改變自己，到哪裡都不會受歡迎。

身為一名職員，按時上班、踏實工作，這是最基本的職業素養。對於任何一家公司的老闆來說，沒有什麼比員工按時上班、踏實工作更值得欣賞。哪怕在老闆眼裡，你的工作能力很一般，但你從不遲到所表現出來的敬業態度也會贏得他的尊重和賞識。時間久了，你的職業態度和心智也會不斷成熟。

有一個女孩，大學畢業後有幸進入了一家大公司。公司地處遠郊，每天上班都要早早地起床，公司的專車會在7點準時來接大家去上班。

深秋的一天清晨，她被鬧鐘吵醒後，又稍微瞇了一下，也就比往常晚起5分鐘，但這區區5分鐘卻讓她付出了代價。當她急急忙忙地出門來到候車地點時，時間已經到了7：03，公司的專車已經開走了。站在空蕩蕩的馬路邊，她頓時惶恐不安、茫然不知所措，無助感向她襲來。

就在她懊悔沮喪的時候，她看見一輛白色轎車停在不遠處的社區門口。她想起了曾有同事指著那個社區，告訴她那是公司老闆的住所，那

04 掌控時間：時間管理的終極密碼

輛白色的轎車是老闆的專車。她頓時興奮起來，心想真是天無絕人之路。於是，她小跑至轎車前，悄悄地打開車門，坐在了轎車的後座。當她坐定後，心中為自己的聰明感到高興。

為老闆開車的司機是一位慈祥的大叔，他從反光鏡裡觀察她多時了。當她坐定後，司機扭過頭來對她說：「這是老闆的車，妳不應該坐進來。」

「那有什麼關係，老闆也去公司，正好順路把我帶過去！」她說這話的時候有一種理所當然的感覺。

過了一段時間，她的老闆拿著公事包過來了。當他打開車門，發現自己的座位上坐著一個女孩時，感到有些吃驚。不過老闆很快認出了她，畢竟是自己的員工，在公司打過幾次照面。她見老闆吃驚，馬上說：「總經理，我剛才出門晚了3分鐘，公司的交通車走了，我想坐你的車去公司。」她以為這個請求合情合理，老闆肯定會答應，因此說話的語氣十分輕鬆隨意。

可沒想到，老闆愣了一下之後，很直截了當地拒絕道：「不行，妳沒有資格坐這輛車。」然後用無可辯駁並且無情冷酷的語氣命令道：「請妳趕緊下車！」

她簡直不敢相信自己的耳朵，她怎麼也想不到，一個堂堂大公司的總經理居然小氣到連這麼小的忙都不肯幫。她意識到，如果自己下車很可能會遲到，而公司對員工遲到又有很嚴厲的懲罰制度。於是，她用近乎乞求的語氣對老闆說：「我會遲到的。」

「遲到是妳自己的事，後果應該由妳自己承擔。」老闆的語氣還是那麼冷淡。

她知道老闆不肯幫忙，於是把目光投向和藹的司機，可司機看著前

> 菁英守則：永遠不要遲到

方一言不發。委屈的淚水在她的眼眶裡打轉，然後她坐在車上沉默良久，她想以這種方式對抗，試圖讓老闆心軟下來，答應她的要求。

就這樣，他們在車上僵持了幾十秒鐘，氣氛十分壓抑。突然，老闆打開車門，拿起公事包下車了。然後，在寒風中攔了一輛計程車飛馳而去。看到這一幕，她的淚水再也控制不住地流淌下來。

司機輕輕嘆了一口氣，說：「老闆就是這樣的人，他非常嚴格，非常有原則。時間長了，妳就會了解他，他不答應帶妳走，其實是為妳好，是真正地在幫妳。」

司機說：「我也遲到過，當時公司處於創業階段，那一天他沒有給我任何解釋的機會，從那以後我再也沒有遲到過。」

她默默地記下了司機的話，擦了擦淚水下了車，然後招了一輛計程車去公司。當她踏進公司時，正好踩著上班的點。雖然搭計程車花了她一百多塊錢，雖然被老闆拒絕後她感到很沒面子、很沮喪，但這次經歷讓她意識到遲到會帶給自己多大的「恥辱」。從那以後，她給自己定下一條原則：永遠不要遲到。

永遠不要遲到，這是職場菁英們的行為準則，也是任何一個有自尊、有羞恥心的人對自己的要求。畢竟遲到不是什麼光彩的事情，不會讓人對你產生好感，因此如果你真的在乎自己在老闆、上司和同事們心中的形象，真的想維護自己的尊嚴，而不讓自己感到羞恥，那麼請告訴自己：若非不可控因素，絕對不要遲到。為此，你有必要做到以下幾點：

1. 盡量早一點出門，為通勤途中多預留一點時間

對於上班這件事來說，除了路途中的時間不可預知以外，其他的時間都是可以計算和規劃的。比如，早上幾點起床，穿衣、盥洗、準備早

04　掌控時間：時間管理的終極密碼

餐等要花多少時間，這些都是可以計算出來的。然後，往前推出你的起床時間，往後推出你的出門時間，再根據你的出門時間和上班時間，算出途中所花的時間。這是一道非常簡單的數學題，相信沒有人算不出來。真正算不出來的是途中實際所花費的時間，這是一個變數，因為每天的交通狀況都不一樣，公車出現的時間會改變，天氣狀況有差別。這些外在因素都有可能導致你在上班途中所花的時間出現變化。

你要做的就是盡量早點出門，為通勤途中預留多一點時間。假設正常情況下，你在途中要花 1 個小時才能到達公司，那麼你可以提早 15 分鐘出門，為途中預留 15 分鐘的時間，以應對突發狀況，比如塞車。如果你預留 15 分鐘，最後上班還是遲到了，那麼第二天你可以預留 30 分鐘，以確保你能準時到達公司。

2. 當遲到難以避免時，要用積極的姿態應對

「天有不測風雲，人有旦夕禍福。」有時候你運氣不好，提早出門半個小時也無濟於事，還是無法避免遲到。比如，前方道路發生交通事故導致大塞車，你乘坐的公車走不了；你想下車攔計程車，但路都被堵死了，計程車也走不了。這個時候你除了等待以外，還能做什麼呢？

除了等待，你當然可以做點別的，比如打電話給上司，向他說明情況；打電話給同事，讓他代你向上司請個假，這是遲到後應有的積極態度。記住，一定要打電話請假，千萬別傳訊息請假，那樣上司可能無法即時看見，無法了解你的情況。即便上司看見了，也沒有電話溝通直接，沒有電話溝通顯得重視。

3. 遲到之後回公司，少找理由解釋，多用行動說話

遲到了就是遲到了，勇於承擔後果，默默接受懲罰，沒有什麼好解釋的。除非上司主動詢問原因，否則你最好閉上嘴巴。你要做的是積極地工作，想辦法有效地利用分分秒秒，彌補遲到造成的時間損耗。如果遲到的時間太長，當天的工作完成不了，你可以選擇下班後留下來繼續工作，以保證遲到不影響工作進度。如果你能做到這點，相信你會贏得上司和同事的尊重和讚賞。

小測試：遲到測試你的工作態度

在上班途中，因特殊情況出現，隨時可能遲到，這時你會怎麼做？

A. 聽天由命，順其自然，能什麼時候到公司就什麼時候到公司，不強求。

B. 對準時到達失去信心，乾脆請假返回家中，不去上班了。

C. 打電話回公司告訴負責人：你遇到了意外，可能會遲到。

D. 覺得遇到意外，遲到可以被原諒，沒什麼好著急的。

E. 採取一切辦法，務必準時抵達公司。

解析：

選 A 表明：你對工作比較消極，經常抱怨、發牢騷，工作不積極。建議：放下抱怨，積極工作。

選 B 表明：你不太喜歡工作，你覺得工作會影響生活，經常找藉口請假、不上班。建議：不要再找藉口，做個敬業的員工。

選 C 表明：你對工作認真，基本上是個工作狂，但你會有選擇地對待工作，對於自己感興趣的，你會積極去做；反之，就可能消極應對。建議：從不喜歡的工作中發現樂趣。

04 掌控時間：時間管理的終極密碼

　　選 D 表明：你是個不太重視工作的人，對你來說，工作只是賺錢的手段，所以你經常工作一段時間，就想休假。建議：從工作中發現樂趣。

　　選 E 表明：你是個超級工作狂，有很強烈的責任感，工作交給你必定會做好，你在公司很受大家的歡迎。建議：繼續保持。

高效能人士：
好好利用每天上班的第一個小時

> 一年之計在於春，一天之計在於晨。
>
> —— 諺語

很多人來到公司上班，第一個小時往往會被雜七雜八的瑣事浪費掉，遲遲進不了工作狀態。最常見的就是吃早餐、看新聞、滑臉書、刷 IG、聊 Line，或和同事閒扯幾句，或拿著抹布擦一擦桌子，收拾一下辦公桌上的檔案，再倒一杯水，去一趟洗手間，等等。就是這樣的小事讓很多人白白浪費了上班的第一個小時。

大家通常早上 9 點上班，白白耗費了一個小時後，就到 10 點了。從 10 點到 12 點只有兩個小時的工作時間，這就是很多人覺得上午過得那麼快，工作效率那麼低的原因。其實並非上午時間走得快，而是因為他們浪費了一個小時，讓上午的工作時間足足縮短了三分之一。

上班的第一個小時是非常重要的，它不僅關係到這一個小時內的工作效率，還會影響整天的工作安排和效率。高效能人士明白上班第一個小時的重要性，也知道如何聰明地使用它。高效能人士懂得在上班的第一個小時內把「噪音」剔除，然後把精力放在一些重要的事情上。我們看看他們是怎樣利用這一個小時的：

1. 花些時間思考未來幾天的工作並制定計畫

上班的第一個小時，最好不要匆匆忙忙地做事。當然，更不要做與工作無關的事情。最好能花些時間深思熟慮一下，對未來一段時間內的工作進行展望和計畫。比如，確定一個短期或中期目標，思考眼下的工作進度和未來幾天努力的方向。然後設定當天的工作量，並細分時段——比如上午要完成多少工作量，下午應該完成多少工作量。有了這個清晰的計畫後，這一天的工作就不會陷入盲目狀態了。即使這一天工作很忙，也不會是瞎忙，而會忙出高效率。

2. 檢查昨天的待辦事項清單，更新今天的待辦事項

昨天的待辦事項都完成了嗎？今天又有哪些待辦事項？對於這兩個問題，高效能人士每天上班的第一個小時就會得出解答。他們首先會拿出昨天的待辦事項清單，看上面的待辦事項是否都完成了，如果有未完成的，那麼結合今天的待辦事項，他們會將未完成的事項挪到今天的待辦事項清單裡，並結合今天待辦事項的重要性，重新排列先後次序。這樣就能做到心中有數，知道哪些事情可以提前做，哪些事情可以延後。

有些高效能人士還會結合這些待辦事項的難易程度，分別為它們設定完成的時間。比如，上午 9：30～10：00 這一時段做什麼，10：05～10：45 這一時段做什麼。做出非常具體的時間表，這樣每一時段做什麼、要做多少工作，他們心中都很清楚，以確保每個時段都能保持高度工作效率。

3. 查閱電子郵件，系統性地處理電子郵件裡的工作問題

有些人認為早上看電子郵件不好，因為那樣會讓工作變得被動，但實際上恰恰相反，查閱電子郵件，即時處理裡面的問題，會讓你的工作變得主動。為什麼這麼說呢？我們可以假設：如果昨天晚上有客戶寄郵件給你，請你提供產品報價，或在郵件裡投訴你們的產品，而你沒有在今天上班的第一個小時內處理，這會不會讓客戶覺得不受重視呢？

如果上班的第一時間不處理，難道要等到客戶打電話催促你嗎？當然不要，一旦客戶打電話催促你，就處於被動狀態了，因為那時候你可能正在按計畫做著重要的工作，而客戶來電要求你做什麼，你又不得不放下手頭的工作。與其可能會導致工作被打斷，倒不如上班的第一時間就查閱郵件，即時回覆，把該處理的事情系統性地完成。然後，按照計畫完成一天的工作。

4. 與團隊成員進行溝通，而不是急著處理「人際衝突」

身在職場，工作大多時候不只是一個人的工作，你的工作可能涉及與團隊配合，可能要與同事合作。因此，與團隊成員保持良好的溝通是必要的。在上班的第一個小時，趁著大家還未進入工作狀態，趕緊與相關的團隊成員接洽工作，商量一下工作中的問題，這是促進合作、使團隊氣氛融洽的有效方法。

如果你在公司中存在「人際衝突」，不要急著在上班的第一個小時解決。因為早晨大家急急忙忙地來到公司，情緒處於亢奮狀態，甚至可以說處於緊張狀態。這個時候處理人際衝突不太合適，應該等幾個小時，等大家情緒放鬆下來了，再去解決人際衝突。比如，中午吃飯時，主動

04 掌控時間：時間管理的終極密碼

和與你有矛盾的同事坐在一起，邊吃邊聊；或下午茶時間，與你的同事一起喝杯咖啡、喝杯茶，聊聊不愉快的衝突，這樣就很容易化解矛盾衝突了。

每天上班的第一個小時就做好這樣幾件事，事實上完成這樣幾件事並不需要花費一個小時。如果真是這樣，你可以抽出幾分鐘整理一下桌面，幫自己泡一杯醒腦或者養顏茶，然後提前進入工作狀態（不必非要到10點才正式工作）。請嚴格按照你的計畫去工作，充分利用每一時段完成相應的工作任務。這樣等到下班時，當你看見待辦事項清單上的工作被逐一做完，便會感到非常充實，覺得這是高效的一天。

職場金句：

時間是最寶貴而有限的資源，不能管理時間，便什麼都不能管理。

——現代管理大師彼得·杜拉克

阿蘭‧拉金：善用你的零碎時間

> 記住你一定可以有時間做那些對自己重要的事情，這並非因為你比常人有更多時間，而是因為你能夠透過認真規劃來為自己「製造」出更多時間。
>
> ──美國作家阿蘭‧拉金

每一天我們都有很多時間碎片，對於上班族來說尤其如此。比如，等公車、等捷運、等飛機的時間，再如與客戶見面前等候的時間，應酬吃飯時等待朋友和同事的時間，等等。別小看這些時間碎片，積少成多帶給你的效果是非常可觀的。這就和小額投資的道理差不多，今天節省10元，明天節省8元，如果你每天都能節省幾塊錢並存起來，一年下來就是一筆很可觀的數目。同樣的道理，如果你每天有效地利用一些零碎時間，哪怕三、五分鐘，日積月累就足以讓你成功。數學家華羅庚曾經說：「成功的人無一不是利用時間的能手！」看看古往今來那些有成就的人，哪一個不是善用零碎時間的高手？歐陽脩曾經對別人說：「我平生所作的文章，多是在『三上』時撰寫，即馬背上、枕頭上、廁座上。」大發明家愛迪生79歲時朋友卻說他有135歲，理由是他工作時非常專注，把能利用的零碎時間都用上了，經常一天完成兩天的工作，工作效率非常高。

日本航空執行技術效能組的組長松山真一有一個習慣，就是每天閱讀一本書，讀完之後還會寫書評，然後上傳到網路。由於他見解獨到，評論精妙，他的很多書評都被網友反覆轉載，讀者不下10萬之眾。

04　掌控時間：時間管理的終極密碼

每天讀一本書，還寫一篇書評，這可是利用閒暇時間完成的，松山真一是怎麼做到的呢？原來，他每天早晨6點準時起床，趕搭首班車上班。由於住處離公司較遠，去一趟公司要坐將近兩小時的車，因此松山真一就利用坐車的時間讀書。這種讀書不是為了打發時間隨意地讀，而是非常認真地研讀。每天上班近兩小時，下班近兩小時，都是松山真一的閱讀時間。由於他閱讀專注，效率很高，所以每天基本上都能看完一本書，於是回到家裡，他就利用空閒時間寫一篇書評。一切就這麼簡單。事實上，天才和平常人之間並沒有天壤之別，也許最初他們的區別就在於對待零碎時間的態度，在於是否懂得充分利用零碎時間。經過長時間的累積，兩者的差距就慢慢拉開了。比如，每天上下班包包裡裝一本書，或攜帶一份文件，等公車或捷運、坐公車或捷運時拿出來看一看，累積一些知識，構思一些點子。或等候電梯、排隊購物時，思考工作上的一些計畫和問題，回到公司之後立刻把思考的結果記錄下來，這樣不就省去了做計畫的時間嗎？

關於如何利用零碎時間，美國作家阿蘭‧拉金（Alan Lakein）在他的《如何掌控自己的時間和生活》一書中，描述了一個叫「瑞士起司」的時間管理方法。瑞士起司是一種有很多小孔的白色起司，阿蘭‧拉金把這些小孔比作零碎時間，建議人們在一個比較大的任務中使用「見縫插針」的辦法利用零碎時間，而不是消極地等待完整的時段出現，再去做自己的工作。「瑞士起司」時間管理法告訴人們：應該看重每一小段時間的價值，無論這段時間多麼微小，哪怕只有三、五分鐘，也可以幫你完成一些工作。假設你做一項工作需要花費10個小時，這並不代表你要用一天中連續10個小時來完成它，你自然可以見縫插針地利用若干個5分鐘、10分鐘或15分鐘去完成這件事的多個步驟。當你這樣做了，你就會發現零碎時間的神奇力量。

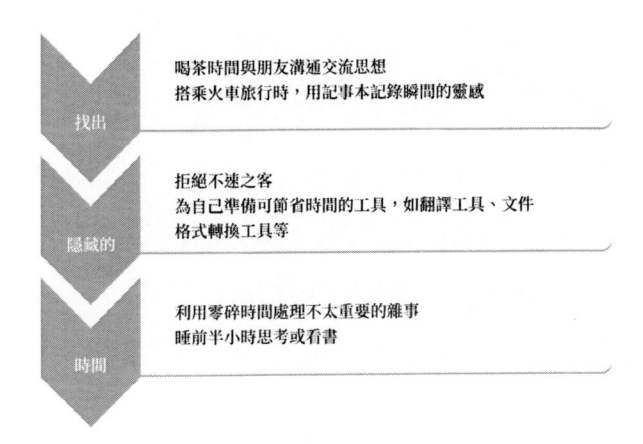

```
找出      喝茶時間與朋友溝通交流思想
          搭乘火車旅行時，用記事本記錄瞬間的靈感

隱藏的    拒絕不速之客
          為自己準備可節省時間的工具，如翻譯工具、文件
          格式轉換工具等

時間      利用零碎時間處理不太重要的雜事
          睡前半小時思考或看書
```

　　這種時間管理法的最大好處是「務實」，相對於完整的時段，你更容易找到 10 分鐘、15 分鐘或 30 分鐘這樣的零碎時間。如果你看不上這樣的零碎時間，始終要等到有一大段完整的空閒時間，那你可能要一直等下去。即便你等到了這樣的完整時間，當你進入工作狀態時，一旦有人打擾，你也可能不想繼續工作下去了。因為你的完整時間被分割了，你又想等待下一個完整時間，這樣你就很容易變得拖延而沒有效率。

　　事實上，好好利用零碎時間並不是什麼難事，但零碎時間很不起眼，很容易被人們忽視。現在，在你意識到零碎時間的重要性之後，你有必要採取行動，把你生活中、工作中的零碎時間恰到好處地妥善利用，為提升你的工作效率、充實你的內心世界而服務。

1. 拿出筆和紙，記錄你的零碎時間

　　在利用零碎時間之前，你有必要檢查一下自己每天的時間都用在了哪裡，哪些時段有零碎時間並且可以善加利用。你可以拿出紙和筆，把每天的活動時間都記錄下來，從中發現哪些零碎時間被你浪費掉了。

04　掌控時間：時間管理的終極密碼

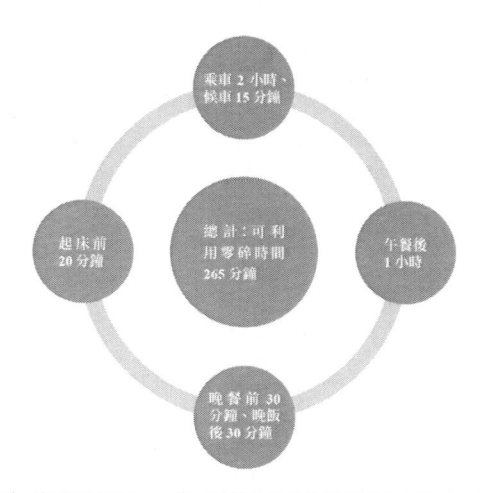

```
           乘車 2 小時、
           候車 15 分鐘

起床前                    總計：可利        午餐後
20 分鐘                   用零碎時間        1 小時
                         265 分鐘

           晚餐前 30
           分鐘、晚飯
           後 30 分鐘
```

看到這個零碎時間統計，你是否會驚訝呢？原來自己每天有這麼多時間被浪費了（當然，每個人的具體情況不一樣，這個時間統計資料也會有所差異）。意識到這一點之後，你可以做個計畫，把適合的待辦事項安排到這些零碎時間中，比如看書、聯繫客戶、思考計畫等。

值得一提的是，在利用零碎時間時，你要有一種積極的心態，不要總想著「只有 5 分鐘，能做什麼」，而要不斷提醒自己「還有 5 分鐘，我要充分利用它」。而且在利用零碎時間時，就要專心做事；如果想娛樂放鬆時，就盡情地放鬆，切不可做事的時候想放鬆，放鬆的時候又惦記著事情沒做完。

2. 始終以較小的時間單位處理事情

以較小的時間單位處理事情，這是「瑞士起司」時間管理法的重要精髓之一。

許多科學家、企業家、政治家在工作時，都喜歡採用這種方法，他們會把時間細分到小時、分鐘，比如做某項工作，規定自己在 30 分鐘或

阿蘭・拉金：善用你的零碎時間

1個小時內完成。而我們一般會以天為時間單位，規定自己在幾天之內完成某件事。

在這方面，猶太人的做法尤為典型，他們常常以1分鐘能賺到多少錢的概念來工作。猶太老闆請員工做事，是以小時計算報酬的；猶太人會見客人，會把時間精確到以分鐘為單位，絕不拖延。客人來訪必須預約，否則很可能被拒絕接待。雖然這種做法有些極端，但這種做事的態度值得我們學習。

當你以小時、分鐘為計算單位時，就會不斷地督促自己快馬加鞭地工作，這也便於你更有效地利用零碎時間。比如，你要構思一個廣告點子，並規定自己在20分鐘之內完成。當你在等公車時，就可以利用等待的時間。

如果你給自己定的時間是1天，那麼你等公車時，就不會想到去構思廣告點子了。因為等車的時間太短，根本不足以完成你需要花費一天去執行的工作。對比一下，兩者的差別毋庸置疑。

3. 借用先進工具來利用零碎時間

對於一些在大城市工作的人來說，要想在公車或捷運裡拿著一本書不受干擾地閱讀，幾乎是不可能的事情。因為大城市人太多了，捷運裡甚至沒有多餘的的空隙可站，又怎麼看書呢？當你身處擁擠的空間時，如果環境條件不允許利用零碎時間，那就不要勉強。這是利用零碎時間很重要的原則之一。

另外，如果你善於藉助先進的工具，對提升你對零碎時間的利用效率是有幫助的。比如，現在大家都用智慧型手機，可以輕而易舉地在手機上看書；很多人還有非常小巧的平板電腦，就可以利用它來辦公。

4. 利用零碎時間來休息

從來沒有人說一定要利用零碎時間工作或學習，也沒有人強迫你這樣做。事實上，科學健康的工作方式是勞逸結合，利用零碎時間也不能違背這個健康工作的原則。因此，當你利用部分零碎時間於工作或學習，你也可以利用其餘的零碎時間休息。比如，利用吃飯時間和飯後的短暫時間陪家人散步，和朋友通電話；還可以利用上班期間上洗手間或倒水的時候，深呼吸一下，伸個懶腰，看看窗外，放鬆一下眼睛和大腦。別小看這樣短暫的休息，對於身心壓力巨大的上班族來說，這是十分重要的休息和調整，所以千萬不要忽視它的作用。

職場金句：

時間是最不偏心的，給任何人都是一天 24 小時。時間也最偏心，給任何人都不是一天 24 小時。

—— 英國生物學家赫胥黎

番茄工作法：為每項工作準備專門的時間

> 如果沒有時間約束，我可能會在各種事情上不斷變換思路，我想同時學習很多東西，但實際上卻收效甚微。
>
> —— 番茄工作法的創始發明人
> 法蘭西斯科・西里洛

有個人開車來到加油站，停在全套服務區。三名工作人員快速迎了上來，第一位幫他洗車，第二位幫他檢查機油，第三位為輪胎充氣。他們很俐落地做完工作後，車主給了他們 10 美元，然後就把車開走了。

兩分鐘後，車主再次回來，這三個人又迎上來。車主說：「不好意思，我想知道為什麼你們沒有幫我的車加油？」三個人面面相覷，原來他們匆忙之中，忘記了幫顧客的車加油。

在工作中，你是否會忙碌得忘記某些事情，甚至是重要的事情？你是否會為每項工作預留專門的時段，在這一時段裡專心地做這件事？如果你想成為職場的高效能人士，就必須認真對待這個問題，否則你會越忙越疲憊，越忙越沒有效率。

某公司有一名年輕的員工，他是一個很上進的年輕人。在工作期間，他還要參加語言檢定，並加入了一個籃球俱樂部，經常在週末和俱樂部的成員一起打籃球，同時還交了女朋友，時常要抽空和女朋友約會。同一時間面對多項重要的事情，年輕人經常忙得不知所措。上班時間，他經常和女朋友聊 Line，有時還會打電話，這直接影響了工作效

04 掌控時間：時間管理的終極密碼

率，讓老闆很不滿意。

下班後，他和女朋友約會，卻時不時在手機Line群組裡和籃球俱樂部的隊友聊天，這影響了他與女朋友的約會品質，令女朋友很不爽。女朋友多次勸告他，約會的時候就好好在一起聊天，別被其他事情干擾，否則就別約會了，處理完了那些事再約會。可是，他對此不以為然，這讓女朋友覺得他不重視自己，影響了他們的感情交流。

晚上學習檢定課程時，他又惦記著女朋友，時不時跟女朋友獻幾句殷勤，這又影響了他的學習。就這樣，年輕人在幾件事情中頻繁地分心，難以集中注意力，幾件事做得都不好。

後來，年輕人的一位朋友提醒他：「你這樣下去是不行的，到時候什麼都做不成！我建議你在一個時段就做一件事，不受干擾地做這件事。」年輕人接受了朋友的建議，為自己做了規畫，並將這個規畫告訴女朋友，而且得到了她的支持。這個規畫是：

（1）每天上班時間，不准聊Line、發簡訊、打電話。工作時間，全身心投入工作，盡最大努力創造好的業績。

（2）每天下班後至8點，這段時間屬於與女朋友的交流時間，可以通電話、可以短暫地見面。晚上8：00~10：30為學習檢定課程的時間。10：30至上床睡覺之前，為談情說愛時間，主要用來與女朋友交流。

（3）每個週末留出半天時間（週六下午或週日下午）去俱樂部打籃球，強身健體，放鬆身心。

（4）每個週末留出半天時間陪伴女朋友，或逛街，或購物，或看電影，或喝咖啡，這些活動必須確保在半天之內完成。

（5）每個週末留出一天時間學習，學習期間不查看女朋友的簡訊和電話，以免受影響。

有了這份規畫之後，年輕人知道在什麼時間應該做什麼事，知道什麼事情應該在什麼時間做。條理很清晰，不再考慮應該做什麼，並且他真的做到了嚴格按照計畫執行，而且堅持了兩年，最後取得了愛情、事業、學業三者豐收。

在你欽佩年輕人的堅持和執行力之餘，有必要注意：如果同一時間面對太多的事情，難以預留專門時間，你可以根據事情的重要程度有所取捨。比如，上面的例子中，學習、工作、戀愛這三件大事都很重要，無法取捨，但是打籃球可以暫時放下，以便有更多的時間來做這三件大事。當然，具體還是要依個人意願和應對能力。

在高效能人士看來，工作效率＝（生活＋目標）－干擾。「生活＋目標」即平衡好工作與生活，在此前提下，在工作時盡可能排除干擾，以提升單位時間的工作效率。為此，你應該做到以下幾點：

1. 找出你的工作目標，尤其是最重要的目標

工作目標，就是你要做什麼事情。這個事情應該是具體的，而不是籠統、模糊的。你在同一時間要做的事情可能很多，比如一天要完成多項工作。對於這些工作，你應該按照輕重緩急排列順序，把最重要的工作放在首位，這一點前面我們多次談到，在這裡就不再贅述。

2. 找出你的最佳時段，並安排到各項工作上

最佳時段有兩種含義：

（1）這個時段是不受干擾的。在這個世界上，很少有人喜歡在受干擾的環境下工作。在受干擾的情況下還能取得比不受干擾時更高的工作效率，這樣的人就更少了。對於絕大多數職場人士來說，找出自己不受干

擾的工作時段很重要，因為找到了這個時段之後，可以把最重要的工作安排在這個時段，確保高品質地完成工作任務。

有一名員工有個習慣，他每天上班都會提前一個小時來到公司（同事們9點進公司，他7：50就來到公司）。他之所以提前來到公司，是因為他要幫自己找一段不受干擾的時間，以完成每天最重要的工作。有時候，最重要的工作一個小時無法完成，他甚至會提前兩個小時來到公司（他有公司的鑰匙，這一點很關鍵）。

透過這種工作方式，他每天在9點正式上班時，最重要的工作已經圓滿地完成了，他感到輕鬆許多。剩下的時間可以做別的工作，這有效地確保了他的工作業績，保證了他每個月都有不菲的薪水。

(2)這個時段是你工作的高效率時段。有些人在清晨工作效率高，有些人在上午10點至12點工作效率高，有些人在下午3點至5點工作效率高，有些人在夜深人靜的晚上工作效率高。就像人的記憶黃金時段一樣，每個人都有自己的高效率工作時段。如果你能找到自己的高效率工作時段，並且把最重要的工作安排在這個時段，就能確保取得高品質的執行效果。

3. 安排好最重要的工作之後，再安排其他工作的時段

在安排好一天中最重要的工作之後，剩下的工作也有必要逐一安排到特定的時段。10點到11點應該做什麼，11點到12點應該做什麼，1點半到2點半應該做什麼，這些你都應該瞭然於心。即便你每天只有一件事要完成，你也可以把這件事分割成多個小項目，以1小時為單位，安排到各個小時內。這樣你每完成一小項工作，就離這一天的工作目標更近一步，從而獲得成就感，這種感覺會促使你更積極地工作。

TIPS：番茄工作法

原則

（1）一個番茄時間（25 分鐘）不可分割，不存在半個或一個半番茄時間。

（2）一個番茄時間內如果做與任務無關的事情，則該番茄時間作廢。

（3）永遠不要在非工作時間內使用番茄工作法（例如，用 3 個番茄時間陪兒子下棋，用 5 個番茄時間釣魚，等等。）

（4）不要拿自己的番茄時間資料與他人的番茄時間資料比較。

（5）番茄時間的數量不可能決定任務最終的成敗。

（6）必須有一份適合自己的作息時間表。

目的

（1）減輕時間焦慮。

（2）提升集中力和注意力，減少中斷。

（3）增強決策意識。

（4）喚醒激勵和持久激勵。

（5）鞏固達成目標的決心。

（6）完善計畫流程，精確地確保質與量。

（7）改進工作學習流程。

（8）強化決斷力，快刀斬亂麻。

做法

（1）每天開始的時候規劃今天要完成的幾項任務，將任務逐項寫在列表裡（或記在軟體的清單裡）。

（2）設定你的番茄鐘（定時器、軟體、鬧鐘等），時間是 25 分鐘。

（3）開始完成第一項任務，直到番茄鐘響鈴或提醒或（25分鐘到）。

（4）停止工作，並在列表裡該項任務後畫個「×」。

（5）休息3~5分鐘，活動、喝水、上廁所等。

（6）開始下一個番茄鐘，繼續該任務。一直循環下去，直到完成該任務，並在列表裡將該任務劃掉。

（7）每4個番茄鐘後，休息25分鐘。

在某個番茄鐘的過程裡，如果突然想起要做什麼事情——

（1）非得馬上做不可的話，停止這個番茄鐘並宣告它作廢（哪怕還剩5分鐘就結束了），去完成這件事情，之後重新開始同一個番茄鐘。

（2）不是必須馬上處理的話，在列表裡當下執行的項任務後面標記一個逗號（表示打擾），並將這件事記在另一個列表裡（比如叫做「計畫外事件」），然後接著完成這個番茄鐘。

富蘭克林：用「現在就做」向拖延症宣戰

> 如果有什麼需要明天做的事，最好現在就開始。
>
> ——美國政治家班傑明·富蘭克林

「著急什麼？慢慢來嘛，反正還有時間！」這句話大家一點都不陌生，也許你就愛說這樣的話。身在職場，你可以有「慢慢來」的沉穩心態，但絕不能有磨蹭、拖延的做事習慣。一個滿腦子裝著「慢慢來、反正還有時間」的人，以為慢工可以出細活，卻不知最後往往得到的不是「細活」，而是「趕活」，試問：趕出來的工作，品質能好到哪裡去呢？

接下來，讓我們來分析一下拖延症患者是怎麼「趕活」的：

拖延症患者通常是時間觀念較差的人，他們先是過分模糊地估量時間，然後又過分清晰地預判時間。模糊估量時間表現為，面對一項工作時，很難準確地判斷完成的期限。

如果他們認為一項工作一天能完成，他們就會想：上午完成不了沒關係，下午還可以繼續；下午無法完成也沒關係，晚上能完成就行。

如果他們認為一項工作一個星期能完成，他們就會想：一個星期是7天，週一完成不了不要緊，週二可以繼續；週二完成不了也不要緊，週三可以繼續；週三完成不了還不要緊，週四可以繼續……

如果他們認為一項工作需要一個月完成，他們就會想：一個月就是4個星期，第一個星期無法完成不要緊，第二個星期可以繼續；第二個星期無法完成不要緊，第三個星期可以繼續……

如果一項工作的完成期限超過一個月，那就更慘了。拖延症患者會

04 掌控時間：時間管理的終極密碼

想：反正時間多的是，不用急著去做。於是，簡直不知道他們什麼時候會開始行動。拖延症患者最常見的心理，如下圖所示。

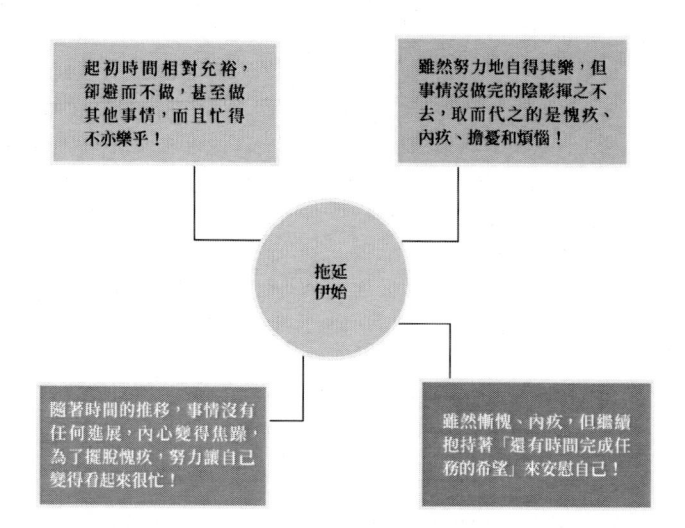

```
┌─────────────────┐                    ┌─────────────────┐
│ 起初時間相對充裕，│                    │ 雖然努力地自得其樂，但│
│ 卻避而不做，甚至做│                    │ 事情沒做完的陰影揮之不│
│ 其他事情，而且忙得│                    │ 去，取而代之的是愧疚、│
│ 不亦樂乎！       │                    │ 內疚、擔憂和煩惱！   │
└────────┬────────┘                    └────────┬────────┘
         │              ╱─────╲                  │
         └─────────────（ 拖延 ）─────────────────┘
         ┌─────────────（ 伊始 ）─────────────────┐
         │              ╲─────╱                  │
┌────────┴────────┐                    ┌────────┴────────┐
│ 隨著時間的推移，事情沒有│              │ 雖然慚愧、內疚，但繼續│
│ 任何進展，內心變得焦躁，│              │ 抱持著「還有時間完成任│
│ 為了擺脫愧疚，努力讓自己│              │ 務的希望」來安慰自己！│
│ 變得看起來很忙！       │              └─────────────────┘
└─────────────────┘
```

這就是拖延症患者的心理狀態，他們好像永遠都不著急，因為他們總覺得還有時間。這是他們對時間模糊估量造成的結果。在前期，他們會過度高估自己的實力，認為自己完全有能力在剩下的時間內完成工作，所以拖一拖完全不是問題。

在後期，隨著時間期限的逐漸逼近，他們對時間的概念變得異常清晰——怎麼時間過得這麼快，還剩下這幾天，怎麼能完成工作呢？於是，他們逼自己坐在電腦前面廢寢忘食，瘋狂地趕報告、趕文件。每隔幾小時，他們就會統計一下時間，並且會不停地計劃剩下時間裡的工作量，拚命地催促自己快一點。

如果最後他們順利「趕完」了工作，他們會慶幸自己多麼有能耐，會為自己的表現感到自豪，下一次他們會重走拖延之路。如果沒能「趕完」工作，他們會變得沮喪，會想辦法為自己找藉口解釋，請求上司寬限時日。

到底要不要做？

富蘭克林：用「現在就做」向拖延症宣戰

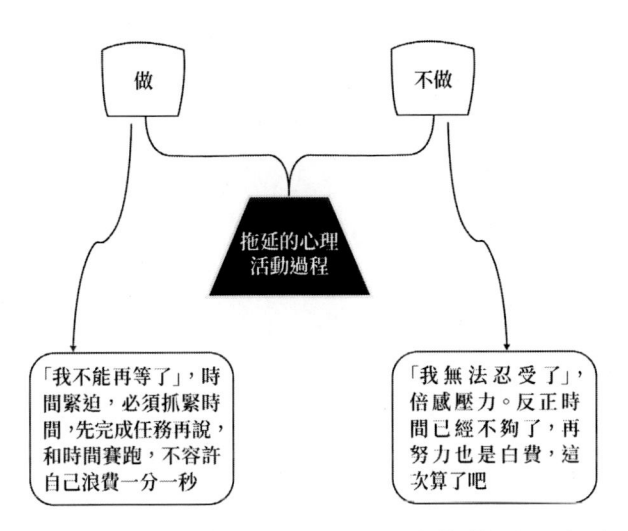

```
        做                    不做
         \                   /
          \                 /
        ┌─────────────────────┐
        │   拖延的心理         │
        │   活動過程           │
        └─────────────────────┘
         /                 \
        /                   \
┌──────────────┐      ┌──────────────┐
│「我不能再等了」, │      │「我無法忍受了」, │
│時間緊迫，必須抓緊時│      │倍感壓力。反正時│
│間，先完成任務再說，│      │間已經不夠了，再│
│和時間賽跑，不容許 │      │努力也是白費，這│
│自己浪費一分一秒  │      │次算了吧        │
└──────────────┘      └──────────────┘
```

自古以來，拖延幾乎都與高效無緣，因為靠「趕活」趕出來的工作品質難有保證。不僅如此，拖延還是不健康的心態，甚至會扮演健康殺手。

試想一下，當拖延症患者發現時間不多時，拚命地「趕活」會不可避免地加班，這與以往懶散的狀態截然不同，身心突然承受如此高負荷的工作，有幾個人能受得了？

所以，拖延會造成嚴重後果，耽誤工作，影響情緒，破壞團隊合作，影響上司對自己的信任，還會損害身體健康。那麼，拖延的「病根」究竟是什麼呢？在解決拖延症之前，我們必須搞清楚這個問題。通常情況下，拖延症有以下幾大「病根」。

病根1：對自己的能力不夠有自信，容易逃避。

從心理層面分析，大多數人拖延是因為對自己的工作能力沒有自信而導致的。心理專家研究發現，工作上曾遭遇重大挫敗、對自己沒有自信的人，容易產生逃避心理。他們認為自己的能力不足以勝任工作，不能很好地完成任務，於是拖延、徘徊，遲遲不開始工作，還經常以工作難度太高、自己太累、狀態不好、時間充足等為藉口來拖延。

病根2：具有完美主義心理傾向，要求太高，不想倉促開始。

具有完美主義心理傾向的人，對自己要求很高，他們在做任何事情之前都會周密計劃、精心準備，而遲遲不願意邁出行動的第一步。比如，有一位廣告企劃人員，每次策劃一個廣告之前，都會尋找大量資料，多方閱讀同類的廣告文案，有時候甚至是漫無目的地蒐羅。這就是典型的完美主義心理傾向導致的拖延。

病根3：具有嚴重的消極頹廢心理，覺得什麼事都很難做。

一個內心不積極上進的人，表現出來的是懶散、頹廢，覺得什麼事情都不好做，他們喜歡幫自己找藉口推脫。比如，為什麼不讓別人做，而要我做？我偏不做，就算做我也要拖著。有時候，雖然明知逃避不了，最後還是要做，但他們還是會選擇用拖延來消極對抗。

病根4：過度自信，錯誤地猜想時間進度。

一開始過於自信，高估自己的能力，錯誤地估計時間進度，認為自己根本不需要這麼多時間就可以完成，認為還有很多時間，所以一開始表現得不慌不忙，最後拖到時間快沒了的時候，才慌張地追趕進度。綜上所述，你會發現：拖延行為並不完全是懶惰或沒有責任心的表現，從根本上說，拖延不是道德問題，而是一個複雜的心理問題。因此，如果你是拖延症患者，也大可不必自責，最重要的是找到正確的方法消除拖延心理，讓自己成為積極的行動者，成為高效的時間管理者。下面幾點建議對消除拖延症病根很有幫助，不妨嘗試一下：

1. 提升對時間的預測能力

前面講到，拖延症患者往往在接到任務的前期會模糊地判斷時間，錯誤地估量時間，而不能精確地預測完成一項工作究竟要花多少時間。有時候他們會低估所需的時間，比如「我一個小時就能搞定這個企劃案」；「兩天就能看完《戰爭與和平》」。有時候他們會高估所需的時間，比如「拿下那個大客戶最少要一個星期的時間」；「對方是個難纏的傢伙，要想從他那裡要回債款，不能急於求成，要慢慢來，最少要一個月時間」。這兩種預測時間的做法所造成的結果是一樣的，就是會使人無所事事，遲遲進入不了工作狀態。

如果想盡可能精確地預測時間，你必須先練習時間預判能力。你可以在做一項工作之前，先預測可能花費的時間，然後按照你的正常速度去做，看實際花了多少時間，與你預測的時間有多少出入。比如，早上起床時，預測一下穿衣、盥洗、吃早餐等需要花費的時間。當你出門的時候，看一下時間，看自己預測得準不準。再比如，當你坐上開往公司的公車時，你可以預測大概的到達時間。當你從公車上下來時，看一下手錶，看自己預測得準不準。透過這樣的預測練習，你會慢慢樹立正確的時間觀念，這對你預測完成一項工作的時間很有幫助。

2. 制定可靠的計畫

當你能夠預測一項工作要花多少時間完成以後，你要做的就是根據這個預測的時間，列一份簡單的工作計畫。舉個很簡單的例子，假如一位作家要寫一本 10 萬字的書，他預測寫完這本書要花 2 個月的時間，接下來他做了一道簡單的數學題：

10 萬字 ÷2 個月（60 天）=1,666 字／每天。

04 掌控時間：時間管理的終極密碼

透過分解目標（10 萬字），發現每一天的工作量十分清晰（1,666 字），而且這個工作量並不多，完成起來很輕鬆。唯一要做的，就是按照這個計畫執行，堅持執行 60 天，就可以輕鬆完稿。

當然，如果作家做完這道數學題之後，發現每天 1,666 字的寫作量太少了，他可以透過增加每天的寫作量來計算完稿的時間。假設他預計每天寫 3,000 字，那麼寫完 10 萬字只需 33.3 天時間。再結合合作方的要求，協商出最終的完稿時間。

值得注意的是，要想確保你的計畫是可靠的，它至少應滿足 4 個條件：

第一，可觀察。以某個行為來界定是否完成。

第二，得具體。目標應該具體，不要說我想跑步鍛鍊身體，應該說我每天跑 2 公里。

第三，分步來。一步步來，這個道理誰都明白，關鍵在於每一步都要具體，而且可以觀察。

第四，小起點。確保你的第一步能在 15 分鐘之內完成，這樣有助於你擺脫拖延症。

3. 嚴格地給自己限時

人的心理是很微妙的，一旦知道時間很充足，就會放鬆下來，注意力也會下降，工作效率也會跟著降低；一旦知道必須在某個時間之前完成工作，就會自發地督促自己行動，工作效率就會大幅提升。如果你做每項工作時，都嚴格地給自己限時，甚至有意地壓縮完成的時間，然後不斷提醒自己保持專注，那麼你的潛力就會慢慢被激發出來。適當地壓

縮時間不會影響你的身心健康，卻可以大大提升你的辦事效率，何樂而不為呢？

愛因斯坦就善於運用這種辦法。他大學畢業後，一開始在一家郵局上班。

由於他對物理學很感興趣，所以在上班之餘，他毫不動搖地鑽研物理學知識。他將一天 8 個小時的工作量壓縮在 4 個小時內完成，其餘的時間用來學習和研究。就這樣，他的工作潛能不斷被激發，這也使得他有時間研究物理學知識。

在工作中，你也可以用這種辦法防止自己拖延。比如，客戶有事要與你商量，你當下無法答覆，可以對他說：「我下午兩點之前答覆你。」而不是說：「我想好了就給你答覆。」約客戶見面時，如果對方時間允許，你可以說：「不如我們下午三點見面？」而不是說：「等我有時間了就約你見面。」由於你承諾了時限，就不得不去兌現，這樣可以促使你積極行動。

職場金句：

做你所應做的事情，能有什麼結果是其次。

—— 赫伯特

04 掌控時間：時間管理的終極密碼

柳比歇夫：統計你的時間

> 切勿相信憑記憶的猜想，人對時間這種抽象物質的記憶是十分不可靠的。
>
> ——《柳比歇夫時間管理法》

美國著名的管理大師杜拉克曾經說：「一個人不會管理時間，便什麼也不能管理。」在他看來，學會管理時間是每個人都應具備的能力。作為職場人士，每天上班時間就那麼多，若不懂得管理時間，那麼工作就談不上高效。當你每天下班，發現該做的工作沒有完成時，你一定會疑惑：時間到底去哪裡了？如果真是這樣，那麼你該學習統計你的時間了。

這裡我們將介紹一種「事件＋時間」的記錄方法。這種記錄方法的開山鼻祖是俄羅斯人柳比歇夫。蘇聯作家格拉寧在他所著的《奇特的一生》一書中，向人們描述了柳比歇夫靠這種方法取得的成就。柳比歇夫一生達成了很多事情，多得幾乎令人無法想像。他的成就主要表現在以下方面：著作，探討地蚤的分類、動物學、昆蟲學、進化論；研究科學史，探索農業、遺傳學、植物保護、哲學、無神論。此外，他還寫過長篇回憶錄，追憶許多科學家，還談到了他一生的各個階段，以及自己的母校彼爾姆大學……

柳比歇夫擔任過大學研究所主任，兼任研究所一個科室的負責人，還講過課，並且經常去各地考察；他跑遍了俄羅斯的歐洲部分，去過許多集體農莊，對果樹害蟲、玉米害蟲、黃鼠等生物有過田調研究。在所謂的閒暇時間裡，他將研究地蚤的分類作為一種休息方式。

單單這一項的工作量就十分巨大：到 1995 年，他蒐集的地蚤標本多達 35 箱，共 1.3 萬隻。他對其中的 5,000 隻公地蚤做了器官切片，總計 300 種。做出這些並不容易，因為他要對每一隻地蚤進行鑑定、測量、做切片、製作標本。他收集的地蚤資料的數量是當地動物研究所的 6 倍。這不僅需要深入鑽研的特殊才能，還需要對這項工作有深刻的理解。

柳比歇夫既是一位狹隘領域的專家，又是一位博大精深、學識淵博的博物學家，他認為自己一生的成就得益於對時間的管理。而他之所以能管理好自己的時間，是因為有一套統計時間的科學方法。接下來，我們來看一看柳比歇夫的時間統計例項，看他是如何記錄時間的。

烏里揚諾夫斯克（俄羅斯的一個地區），1964 年 4 月 7 日

分類昆蟲學（畫兩張無名簑蛾的圖）..........3 小時 15 分鐘；
鑑定定簑蛾..........20 分鐘；
附加工作：寫信給斯拉瓦..........2 小時 45 分鐘；
社會工作：植物保護小組開會..........2 小時 25 分鐘；
休息：
寫信給伊戈爾..........10 分鐘；
看《烏里揚諾夫斯克真理報》..........10 分鐘；
看列夫·托爾斯泰的《塞瓦斯托波爾紀事》......1 小時 25 分鐘。

烏里揚諾夫斯克，1964 年 4 月 8 日

分類昆蟲學：鑑定定簑蛾..........2 小時 20 分鐘；
寫關於簑蛾的報告..........1 小時 5 分鐘；
附加工作：寫信給達維陀娃和布里亞赫爾，6 頁..........3 小時 20 分鐘；
休息：
看《烏里揚諾夫斯克真理報》..........15 分鐘；
看《消息報》..........10 分鐘；
看《文學報》..........20 分鐘；
看列夫·托爾斯泰的《魔鬼》66 頁..........1 小時 30 分鐘。

04 掌控時間：時間管理的終極密碼

柳比歇夫在記錄時，針對日常的各種事情進行分類，比如基本科學研究、分類昆蟲學等。這樣做的好處是方便最終統計各項工作到底花了多少時間。下面是柳比歇夫的統計結果：

> 基本研究——59 小時 45 分鐘
> 分類昆蟲學——20 小時 55 分鐘；
> 附加工作——50 小時 25 分鐘；
> 組織工作——5 小時 40 分鐘；
> 合計：136 小時 45 分鐘

單說基本研究，他花了 59 小時，這些時間花在哪些事情上呢？查看柳比歇夫的紀錄，一看就會明白：

> 《分類法的邏輯》報告草稿——6 小時 25 分鐘；
> 雜事——1 小時；
> 校對《達達派研究》——30 分鐘；
> 數學——16 小時 40 分鐘；
> 日常參考書：《里亞普諾夫》——55 分鐘；
> 日常參考書：《生物學》——12 小時；
> 學術通信——11 小時 55 分鐘；
> 學術札記——3 小時 25 分鐘；
> 圖書索引——6 小時 55 分鐘；
> 合計：59 小時 45 分鐘

柳比歇夫的時間統計法，讓我們看到每天、每週、每個月、每一年乃至一生，時間都花在哪裡了。首先，這種統計法的一大好處就是，可以讓人加強時間觀念。特別是當你定期翻閱這些紀錄時，你會意識到時間過得多麼快，於是你會告訴自己：不能再將時間浪費在無意義的事情上。

其次，透過時間統計，你可以發現做一項工作要花多少時間。這個時間可以為你再次做這件事提供參考，並成為計畫時的重要參考資料。比如，你透過統計時間總結出，看一本書需要 5 個小時，那麼在計畫時，你就可以安排 5 個小時來看一本書。看到這裡，你一定很想知道，統計時間具體應該怎樣執行？

1. 每天記錄，養成習慣

統計時間需要堅持不懈，養成習慣。為了便於記錄準確的時間，而不是憑印象估計所花費的時間，你在做一件事之前應該看一下時間，當你做完這件事時或當你中斷做這件事時再看一下時間，然後計算所花費的時間，並記錄下來。為了讓你知道時間確切的流向，你可以什麼都記下來。任何活動，比如休息、看報、散步等事項所消耗的時間，都可以記下來，而且要精確到分鐘，誤差最好低於 5 分鐘。

2. 保持簡短，方便攜帶

在記錄時，不需要寫感想和心情，只需要簡單地記錄做了什麼事，並在後面寫上所花費的時間。畢竟記錄時間本身也是一項工作，如果你記錄得過於詳細，就會花費比較多時間，而且以後翻閱時，也會增加閱讀量。所以，還是簡單記錄比較好。比如，閱讀《奇特的一生》——35 分鐘，閱讀《真理報》——35 分鐘，這樣記錄就可以了。為了便於記錄，你最好準備一個小的筆記本。當然，現在幾乎每個職場人士都有智慧型手機，也可以用智慧型手機記錄時間。

3. 睡前統計，分析反思

統計時間不是用來當擺設的，而需要確實地對你的心靈及時間管理發揮作用。因此，每天睡覺之前，最好花 10 分鐘看一看當天的時間紀錄，並進行簡單的統計。計算一下，這一天花在工作上的時間有多少，花在其他方面的時間有多少。看看可以節省哪些時間，哪些時間可以縮短一些。如果你經常分析並反思這些問題，那麼當你再做同類的事情

04 掌控時間：時間管理的終極密碼

時，就會提醒自己加快速度，提升效率，節省時間。每天臨睡前進行時間統計，計算時間花在什麼地方、花了多少，最後算出基本消耗時間。這樣你的時間觀念就會逐漸增強，你對時間的掌控就會變得更精細。

小測試：測試你的時間管理能力

下面是一個時間管理小測驗，每題有三個答案：A，總是這樣；B，有時這樣；C，從不這樣。

（1）你在每週或每天工作開始時，都會為自己制定一週或一天的工作計畫。

（2）你在下班時間會感到無所事事。

（3）你總是把自己的東西放得井然有序。

（4）你做事情時能堅持到底。

（5）你在做事情時不容易受其他事情干擾。

（6）你能有條理地完成自己該做的事情。

（7）你能清楚分辨什麼是當前最該做的工作。

（8）你能夠做到即時反省自己利用時間的情況。

（9）你每天都能按照自己的計畫進行工作和生活。

（10）你每次做事之前，都會提醒自己要在一定的時間內完成工作並確保質與量。

（11）絕大多數時候你都知道自己應該做什麼事情。

（12）你每天都能按時起床。

（13）你認為自己做事情效率很高。

（14）當完成一件事情有困難時，你不會對自己說：「明天再做吧。」

（15）你從不同時做多件事情，因為你覺得那樣的話，哪件事都做不好。

（16）你從未在每天下班回家時感覺精疲力竭，卻沒有完成一天計畫的工作。

（17）你不認為沒有時間做自己喜歡的事情。

（18）你每隔固定時間便檢查自己時間計畫達成的情況。

解讀：

選「A」記 2 分，選「B」記 1 分，選「C」記 0 分。

0~14 分：說明你的時間管理能力很差，還有很大的提升空間，你需要在計畫性、堅持性、合理性、反思性等方面提升自己的時間管理能力。

15~28 分：說明你具備較好的時間管理能力，但還有進步的空間，你需要分析自己平時的表現，學會統計指縫間流失的時間，再合理地利用這些時間。

29~36 分：說明你的時間管理能力很強，你需要做的是堅持一貫的時間管理方法，同時借鑑本章的時間管理技巧，讓你的時間管理能力更強。

04 掌控時間：時間管理的終極密碼

史賓賽・拉斯科夫：不要虛度閒暇時間

> 這些企業界人士成功的原因，毫無例外地是因為他們認為下班後的時間很重要，並且他們在下班之後充分利用時間，做對自己事業有幫助的事情。
>
> —— 尼勃遜

眾所周知，一個人在上班時間認真工作，這是情理之中的事情，而且大部分人都是如此。因此，僅僅透過工作時間內的表現，難以讓你變得出類拔萃。可是，如果你能在下班之後，充分利用閒暇時間充實和提升自己，而不是虛度光陰，那麼久而久之，你就很容易在個人能力上與眾人拉開距離。

說到閒暇時間，我們首先要明確定義「什麼是閒暇時間」。一般來說，閒暇時間指的是可供你自由支配的時間，也就是人們常說的下班時間，有人也將其稱為「8小時之外」。但嚴格地說，真正的閒暇時間不應該包括做家務、飲食、睡覺等時間，而是指完全可由個人自由支配的時間。

自由，是閒暇時間的最大特點之一。正因為自由，很多人才會想做什麼就做什麼，而不考慮自己所做的事情能否提升自己。比如，很多上班族週末選擇好好睡一覺，以補充連續五天上班早起所缺少的「睡眠」，於是我們發現，很多人週末上午基本都是在睡夢中度過。有些人雖然睡不著，也會躺在床上玩手機、看電腦，盡情地放鬆身心。

每個人一生都有大量的閒暇時間，就看你怎麼利用這些閒暇時間。據

史賓賽・拉斯科夫：不要虛度閒暇時間

一所世界體育中心的調查顯示：一個 70 歲的西方人，一生的工作時間是 16 年，睡眠時間是 19 年，剩下的 35 年便是閒暇時間。可見，閒暇時間是一個巨大的寶藏。所謂的時間管理，其實最主要就是針對閒暇時間進行管理。管理閒暇時間的效果好壞，往往直接反映在一個人的成就上。

美國 Hotwire.com 的聯合創辦人和房地產資訊網站 Zillow 的執行長──39 歲的史賓賽‧拉斯科夫，是一位善於利用空間時間的人。上班的時候，他會認真地工作，但是下班之後，他不會繼續加班，而是去做別的事情。有人曾問史賓賽：「你不願意在週末做什麼事？」

史賓賽說：「工作，至少是傳統意義上的工作。」他說他的週末是掙脫日常工作的束縛，以便有機會深入思考自己所在公司和行業的重要時刻。「週末是進行反思和對更重要問題好好反省的大好時機。」史賓賽這樣說。

史丹佛的一項新研究顯示，史賓賽的話是很有道理的。研究發現，在一週工作超過 50 個小時後，每個小時的工作效率會急遽下降。而在工作 55 個小時之後，工作效率下降的幅度會更大。所以，如果你下班之後還繼續工作，往往是毫無意義的。

也就是說，善用閒暇時間的精髓不在於倡導人們下班之後繼續工作，或繼續做工作上的事情，而是從事另外一些有意義的事情，從其他方面來充實自己、提升自己，間接地促進自己成長。

充分利用閒暇時間，首先要確立閒暇時間是一筆寶貴資產的觀念。法國著名的未來學家貝爾特朗‧德‧菇維涅里曾經提出：「在未來的社會，人感到最重要的不是能用於買到一切的錢，也不是商品，而是閒暇時間──這種時間可以給予人知識文化。」那麼，我們到底該怎樣利用閒暇時間呢？

其實,科學地安排閒暇時間並沒有固定的標準,而是一種因人、因地、因時而異的多樣化選擇。不過通常來說,利用閒暇時間有這樣幾種方式:

1. 開發式 —— 開發自我潛能、實現自我價值

在閒暇時間做自己感興趣的事,透過興趣追求來激發自己的潛能,實現自己的價值。比如,希臘偉大的思想家亞里斯多德喜歡在閒暇時間捕捉蝴蝶和甲蟲,並且透過長期閒暇時間的累積,製作了人類歷史上第一批昆蟲標本,使自己成為一名昆蟲學者。

著名的生物學家達爾文,從小就喜歡打獵、旅行、蒐集生物標本。上大學期間,他又利用閒暇時間採集植物、昆蟲和動物標本。後來,他將自己的業餘愛好發展成為自己的專長,成為舉世聞名的生物學家。

你有什麼興趣愛好和業餘追求呢?如果有,不妨在閒暇時間從事與之相關的活動吧,比如園藝、手工、烹飪、垂釣等。透過從事自己感興趣的活動,不僅可以放鬆身心,感受快樂,還可以從中激發自己的潛能,實現自己的價值,甚至可以讓你獲得工作之外的,在工作中永遠都無法取得的成就。

2. 結合式 ——
把閒暇時間活動作為本職工作的延伸與擴展

在閒暇時間可以不做工作上的事,但可以透過進行與之相關的活動來間接地提升工作能力,促進工作的發展。比如,思考工作程序,反思工作中存在的問題,為即將到來的下一週制定工作計畫。在閒暇時間養成反思和計畫的習慣,非常有助於提升工作水準和工作效率。

有位作家認為：「計畫使人更有效率，在工作日開始前制定計畫代表著你可以做好迎接週一的準備。」在閒暇時間尤其是週末，花片刻時間為接下來的一週做個計畫，也許你只需要花 30 分鐘，就可以大幅度提升下一週的工作效率，並舒緩壓力。

3. 陶冶式 —— 從事有益的活動，以陶冶性情，增長學識

陶冶身心的活動有很多，比如有意義的冒險活動，和家人一起外出旅遊，繪畫、唱歌、欣賞音樂或觀賞戲劇，等等。這些都可以豐富你的精神生活，有助於舒緩工作上的壓力，為接下來的工作做好心理和精神上的準備。

4. 調劑式 —— 從事與工作相互調劑的活動

腦力工作者在閒暇時間最好從事體力活動，比如打打球、跑跑步；室內工作者最好到室外去活動活動，比如釣魚、爬山等；邏輯思維工作者在閒暇時間，可以從事以形象思維為主的活動，比如繪畫、冥想。透過從事與工作相互調劑的活動，可以讓你張弛有度、勞逸結合，身心愉悅。

思考：

「決定你命運的是晚上 8 點到 10 點。」

你如何看待這句話？

04　掌控時間：時間管理的終極密碼

05
整理：
清除混亂，讓效率起飛

　　你是不是有這樣的感受：不論在家裡，還是在公司，感覺周圍的環境充滿了雜亂，而且不管你怎麼打理，還是很快就會變得一塌糊塗。有效整理，可以把雜亂和拖沓掃除掉，讓你每天都有輕鬆愉悅的工作心情，還可以幫你節省時間，提升工作效率。

05　整理：清除混亂，讓效率起飛

佐藤可士和：值得你擁有的超級整理術

> 保持生活環境的清爽，才能提升工作效率。
>
> ──Uniqlo 首席藝術總監佐藤可士和

每天都有忙不完的工作，恨不得一天有 48 個小時可用；辦公桌亂成一團，想要的檔案經常找不到；昨天儲存在電腦裡的資料，今天就找不到了，只好重新做一份，又浪費一個小時⋯⋯在工作中，你是否遇到過這些狼狽不堪的情況呢？

以上幾種情況是工作效率不高的典型表現。出現這些情況的原因就是不懂得整理，而這會直接影響你的心情、影響工作效率、影響對時間的掌控、影響業績提升，讓你與升遷機會擦肩而過。

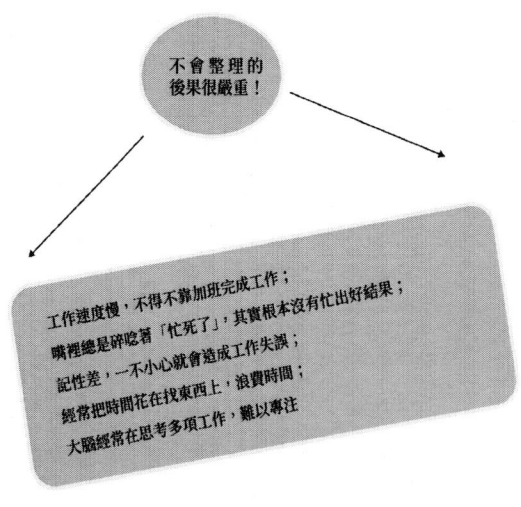

不會整理的後果很嚴重！

- 工作速度慢，不得不靠加班完成工作；
- 嘴裡總是碎唸著「忙死了」，其實根本沒有忙出好結果；
- 記性差，一不小心就會造成工作失誤；
- 總常把時間花在找東西上，浪費時間；
- 大腦經常在思考多項工作，難以專注。

佐藤可士和稱自己的工作空間為「創意商店」，而不是「辦公室」。因為那裡寬敞潔白的程度比一間空房間多不了什麼東西。對於佐藤解析

> 佐藤可士和：值得你擁有的超級整理術

自己工作方法的新書，日本導演日比野克彥的推薦文章中寫道：「他的設計，最大的魅力在於『失去平衡的 0.1 秒』。我發現這 0.1 秒應該是來自他那又大又乾淨的房間吧。下次，我可以去弄髒你的房間嗎？」

這間極度潔淨的工作室乍看是一間白色的空曠房間。員工空間、會議室、佐藤的辦公室三個部分被兩道牆壁分割，白色的天花板和牆壁，日本柳杉木地板，20 張訂製的桌子和椅子就是全部的擺設。

佐藤可士和本人的桌子上，沒有成堆的設計資料和素材，只有一臺電腦螢幕、鍵盤、滑鼠，以及一個 Olufsen 的音響。他不斷地在書中強調：「保持生活環境的清爽，才能提升工作效率。」正因為空間整理是最適合初學的整理術，所以佐藤可士和整理術的具體實作章節，就是從整理和收納自己的桌子和包包開始的。

職場的節奏很快，是追求效率的地方，也是講究完美執行的領域。每個人都希望多、快、好、省地完成工作，保持高效率，忙得有品質，以讓自己感到輕鬆、愉快，使工作成為一種享受。那麼，怎樣才能達到這樣的工作目標呢？其實，你需要整理術的幫助。

超級整理術不僅是為了乾淨整潔有序，更是為了提升工作效率。超級整理術不需要花費太多的精力，也不用耗費很多時間，只要你按照一定的規則去做，就可以讓自己進入秩序井然的工作環境中，並且大幅提升自己的工作效率。為此，有必要堅持幾個整理的原則。

1. 堅持「一元化」的整理原則

所謂「一元化」就是把同類的東西放在一起。比如，把所有的檔案放在一個抽屜裡，並且按照時間順序疊放；把所有的電子文件存放在命名為「工作」的資料夾裡，然後根據文件的內容分類，將同類的檔案放在同

一個子資料夾裡；將辦公桌整理乾淨，把不必要的物品拿走；把桌面擦乾淨，讓自己看起來覺得舒服，等等。

2. 堅持「定期」的整理原則

　　檔案存在電腦裡，長時間不管，你就會淡忘它。一旦你淡忘了，下次想找到它就變得很困難。因為上班族電腦裡的檔案實在太多了。尤其是一些腦力工作者和依靠電腦工作的人，他們電腦裡的檔案更是堆積如山。因此，有必要定期整理。整理一方面是為了歸類存放，另一方面是為了清理掉沒用的檔案，畢竟檔案少了找起來更容易，而且對電腦運作有幫助。

3. 堅持「舒適」的整理原則

　　超級整理術並沒有死板的整理標準，它以「整理後的狀態」讓自己感到舒適為原則。如果你願意，當然可以獨創一個讓自己感到舒服的整理方法。如果你不願意開創整理的新方法，就接受我們的建議。記住，整理是為了高效，切不可為了整理而整理，在整理上花費太多的心思和時間，反而導致整理過程變得低效，使整理變成了一件本末倒置的事情。

4. 堅持「定期回顧」的整理原則

　　整理是一個長期的工作，需要定期回顧。在你空閒的時候，點開你的電腦，看看之前整理過的檔案，查看一下檔案內容，回顧一下這些內容的現實價值，把可以合併到一個文件的檔案合併起來，把可以刪除掉的檔案刪除掉，把可以歸類的檔案歸到一起。透過定期的回顧和調整，讓你的檔案更加精簡。

小測試：你是整理高手嗎？

下面 10 句話，如果你覺得符合自己的實際情況，就計算 1 分，否則不用計分。

（1）經常找不到想要的東西。

（2）你買過很多東西，卻閒置在那裡不用。

（3）每次搬家時，你總擔心要搬的東西太多。

（4）你經常會在家或辦公室裡丟東西。

（5）你覺得辦公桌太小了，東西放不下。

（6）你沒有每天擦桌子、整理桌子的習慣。

（7）你很討厭大掃除，覺得太累、太浪費時間。

（8）你經常捨不得扔東西，認為有一天這些東西能派得上用場。

（9）你的電腦桌面有很多檔案，幾乎占了半個螢幕，甚至更多。

（10）你的腦子裡有很多雜念和不切實際的想法，經常突然冒出來干擾你的工作。

解析：

得 8 分以上：放棄整理型。你討厭整理，習慣了混亂和無序，並且沒有意識到這種狀況對工作的影響。

建議：了解整理的好處和不整理的後果，慢慢養成整理的習慣。

得 5~7 分：初級整理者。你開始摸索著整理，但沒什麼進展。

建議：繼續堅持整理，可以從整理房間、衣櫃中體驗快樂，體驗整理的效果。

得 2~4 分：中級整理者。你在整理方面已經做得不錯了，但可能有時候覺得整理的效果與自己的期望有差距。

| 05 　整理：清除混亂，讓效率起飛

　　建議：反省自己的整理方式，看是否有可以改進的地方，以便取得更好的整理效果。

　　得分低於 1 分：超級整理者。你已經從整理感受到了很多快樂，並且對自己整理的效果很滿意。

　　建議：你只需堅持整理下去，就可以繼續享受整理的快樂和整理帶來的高效。

辦公桌：學會分類，保持有序

> 我讚美徹底和有條理的工作方式。
>
> —— 美國管理學者藍斯登

一個整潔有序的辦公環境可以讓你更加精神飽滿地投入每天的工作當中，取得更好的工作績效，為公司創造更多的效益。當你的客戶到訪時，看見你的辦公桌乾淨整潔，也會對你留下良好印象；相反地，凌亂的辦公桌會影響你工作時的心情，使你在尋找檔案時手忙腳亂，降低你的工作效率。

黃女士是一家公司的財務人員，每個季度都要上報公司的附加稅，為此她不得不騰出一天時間專門整理累積下來的發票，而且還不一定能把這些發票整理好。她說雖然自己知道平時就應該將發票和帳簿整理妥當，這樣可以一目了然地掌握公司的財務出入情況，但是她已經習慣隨手將員工遞交上來的報帳憑單（主要是發票）隨手丟到桌上的紙盒裡，等到接近上報附加稅的截止日期時，她才逼自己去整理，為此她很頭痛。

為什麼頭痛呢？很好理解，因為過去三個月的發票，她根本記不清哪個是哪個，這就沒辦法統計公司應該上交的附加稅。於是，她不得不花時間慢慢地回憶那些發票的由來，有時還會問同事們：「這張發票是誰給我的？是什麼事情的發票？」這樣不但影響了同事們的工作，還造成她自己的工作效率低下。更嚴重的是，有時候統計失誤，造成公司經濟上的損失，惹得老闆對她極為不滿。

一位高階主管曾說：「我從來不相信一個把辦公桌弄得亂七八糟的員

05　整理：清除混亂，讓效率起飛

工，是一名優秀的員工，能取得高效的工作成績。」一個高效能員工是不會花很長時間從一堆亂糟糟的檔案中翻找所需要的資料的。因為他們不會讓自己的工作陷入無序之中，為此他們在平時的工作中就會很自發、很有意識地整理辦公桌，分類管理工作檔案。下圖是辦公桌的工具擺放平面圖：

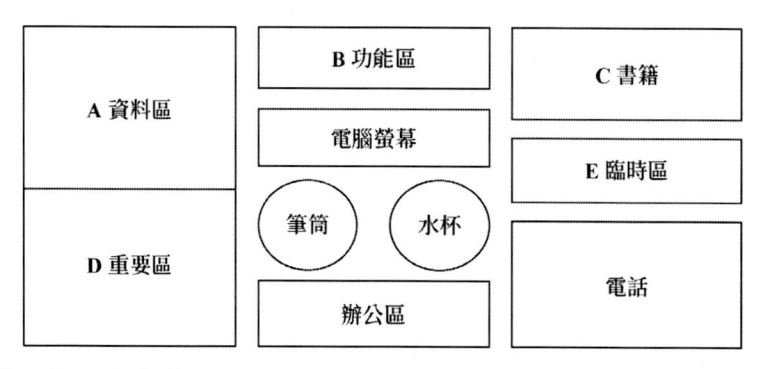

```
┌──────────┬────────────┬──────────┐
│          │  B 功能區  │  C 書籍  │
│  A 資料區│            ├──────────┤
│          │  電腦螢幕  │  E 臨時區│
├──────────┼────────────┤          │
│          │ ◯筆筒 ◯水杯│          │
│  D 重要區│            ├──────────┤
│          │   辦公區   │   電話   │
└──────────┴────────────┴──────────┘
```

美國管理學者藍斯登曾經說：「我讚美徹底和有條理的工作方式。」他這麼說，也這麼做。看看他的辦公桌，檔案數已經減到最少，他知道一次只能處理一件公文，也知道應該把每件公文放在什麼地方。

當你問他某件工作或某件公文時，他會立刻從公文櫃中找出來；當你問起他已完成的某事時，他眼睛一眨就知道這件事的備份資料放在何處。在他身上，你永遠看不到慌亂翻找的狼狽舉動。再看看他的手提箱，裡面歸類分明、隨時要用的公文一一呈現；裡面也有小說和文具，但絕不是一個亂糟糟的廢物箱。

保持辦公桌的整潔有序，並不只是做表面工作。在職場中，很多人每天也會整理桌子，把桌子上的辦公用品擺放得很整齊。但是他們辦公桌的抽屜裡是怎樣的情況，裡面是否整齊有序？是否歸類分明呢？

一個偶然的機會，我看見一位白領的辦公桌抽屜，裡面的東西和雜

辦公桌：學會分類，保持有序

亂狀況令我不禁唏噓。知道我看到了什麼嗎？裡面有皮鞋刷、洗面乳、護手霜，還有已經被揉成團的報紙，以及一塊被啃了一半已經發霉的麵包。

很難想像，人在這種狀態下能夠保持專注，能夠高效地完成每天的工作。你可以假設，當打開抽屜時裡面的食品發出惡臭，你會做何感想？當你打開抽屜，發現裡面就像垃圾桶一樣，亂糟糟的一片，根本看不到自己想要的辦公用品時，你又會如何應對？所以，有必要保持辦公桌的整潔有序，確保檔案得以分類收藏是，這應該成為你的工作習慣。

那麼，現在、立刻、馬上抽出 10 分鐘的時間，只需要 10 分鐘，將你的辦公桌來一次大掃除吧！10 分鐘之後，你會發現一切都這麼有秩序，你的心情也會豁然舒暢，工作的積極性也會暴漲起來。如下圖所示：

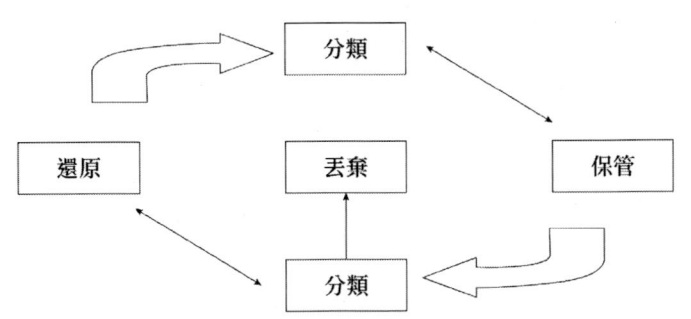

整理的步驟：從「分類」到「還原」或「丟棄」，才算整理。

1. 清理你用不到的檔案和用品

辦公桌是用來辦公的，桌面上和桌子裡保留的應該是與工作有關的東西，對於那些與工作無關或已經用不著的檔案，你應該毫不猶豫地清理掉。比如，沒用的購物清單、過期的小便利貼、不再需要的草稿紙，還有那些已經沒用的檔案，都應該通通被清理掉。當把這些東西清理掉

之後，你會發現：辦公桌上的東西少了很多，抽屜的空間大了很多。你的心情也會舒暢許多，就像剛剛把家裡收拾乾淨，把垃圾丟到樓下時的心情一樣。

2. 製作目錄卡片，分類保管檔案

工作中，每個人都或多或少有一些檔案。有些檔案沒有用了，可以清理掉。有些檔案說不上有用沒用，或許將來某個時間點會有用，這類檔案應該儲存起來。有些檔案非常重要，毫無疑問應該優先保存。對於重要性不同的檔案，你可以將它們放在不同的地方。有位職員是這樣做的：

(1)將最重要的檔案放在桌子最上面一個抽屜裡，因為要經常用到，便於拿取。

(2)將那些說不上有用還是沒用的檔案放在辦公桌最下面的抽屜裡，因為很少用到，可以放在那裡不用管它。

這種做法就很好，如果你也形成了這樣的分類習慣，那麼拿到一份檔案，用完之後你會立刻明白應該將它放在哪裡：是放進垃圾桶，還是放進最上面的抽屜，或是放進最下面的抽屜？

對於重要性相當的檔案，還應該進一步排序。最好的排序方法是按照時間排序，把最近的檔案放在最上面，最舊的檔案放在最下面。嚴格按照這個順序堆疊，這樣當你尋找檔案時，就可以順著時間這條主線往下找，很容易便可以找到資料。

當然，如果你是公司的管理者，如果有一個大大的檔案櫃，那麼對於這些檔案，你就有必要製作目錄卡片，就像圖書館的工作人員擺放圖

書時，把不同類別的圖書放在不同的架子上。比如，財務類檔案、行銷類檔案、績效考核類檔案、客戶資料類檔案等，按照這樣的分類將檔案存放在不同的格子裡，並在格子上貼上標籤，一目了然。

3. 一項工作完成後，立即整理歸類

很多人抱怨說，辦公桌整理完，沒多久就又變得亂糟糟的，最好還是不要整理了。就像折棉被一樣，折完了晚上又要攤開蓋，何必呢？其實這種想法有問題：桌子容易亂，恰恰是因為沒有即時整理導致的。如果經常整理，甚至每天整理，每一項工作完成後就立即整理，並將整理內化成一種職業習慣，那麼一切整理工作就會在無形中完成。

所以，建議你每天上班之前稍微收拾一下桌子，並拿抹布把桌子和電腦擦一擦，擦拭上面的灰塵；下班的時候，把桌子上攤開的檔案和辦公用品排序一下，再把椅子挪到桌子下面。如果每一位員工都這麼做，那麼整個公司的辦公區看起來就會十分整齊有序，第二天走進來一看，你會覺得非常舒服。

4. 如果願意，可以簡單裝飾辦公桌

當你整理好物品之後，可以來點小裝飾，讓辦公桌看起來與眾不同，能帶給你正能量。比如，在電腦旁邊擺上一盆清新的盆栽，讓上面綠油油的葉子釋放天然的氧氣，帶給你清新和愉悅；還可以養幾條小金魚，在工作的間隙，觀賞金魚在水中暢游，為自己積聚工作能量；你還可以在辦公桌的下面貼一張小便利貼，上面寫上對自己的提醒，例如「今日事今日畢」、「不貪多，一次只做一件事」等，提醒自己高效地工作。

05　整理：清除混亂，讓效率起飛

行動方案：

　　仔細想一想，你哪方面的整理特別差，比如衣櫃、置物箱、抽屜或房間，然後找出一個作為你的整理目標，按照本節所介紹的整理技巧，對其進行整理。整理完成後，感受一下整潔、有序帶給你的美好心情！

高效能人士：定期檢查進度緩慢的事項

> 高效能人士都有一個習慣，那就是經常性地反思。
>
> ——《高效能人士的七個習慣》

高效能人士會反思工作中的問題，發現工作中的不足，檢討自身需要提升的地方，尤其對於每天雖被列入計畫卻未能完成的工作，他們會積極地反思，找出未完成的原因。有了這種積極的工作態度，他們就不會對未完成的工作視而不見，也不會對因未完成工作而暴露的自身問題掩耳盜鈴。

通常來說，待辦事項未完成往往有這樣幾個原因：

(1) 工作時間有限，還沒輪到那件事，自然沒有完成。

(2) 已經開始做那件事了，但時間倉促，做了一部分就中斷了。

(3) 早就開始做了，可是進展緩慢，遲遲無法完成。

對於前兩種原因造成待辦事項未完成的情況，處理起來還比較容易，它們主要是由於時間不夠造成的，並不能說明其他的問題。然而，對於第三種原因造成待辦事項未完成、待辦事項進展緩慢的情況，我們就要深刻反思了，到底是什麼原因造成進展緩慢呢？

大略分析，原因往往有以下三種：

(1) 工作難度太高，個人能力不夠，導致工作進展緩慢。

(2) 工作倒不難，但是自己並不重視，一拖再拖，執行力差。

（3）工作方法不合適，在執行過程中走了彎路，導致工作進展度緩慢。

對照一下那些進展緩慢的工作，看看這三種原因，你屬於哪一種。找到了原因，就可以做到有的放矢地解決。如果是因為工作難度太高導致工作進度緩慢，或因工作方法不合適，你可以積極尋求幫助，比如向同事請教、向上司求助，透過團隊的智慧來解決這項工作。如果是因為你個人原因，比如不重視、執行不積極，拖延太久，那麼你就有必要深刻檢討自己了。

當然，僅僅是檢討自己的不良工作態度是不行的，還必須用實際行動改變這種狀態。下面介紹幾種對策，幫助你從進展緩慢的工作泥淖中解脫出來。

1. 追蹤你在哪個環節上浪費了時間

進展緩慢，就是花的時間太多，那麼你這項工作的哪個環節浪費了時間呢？如果你想提升工作效率，就必須好好思考這個問題。

你可以繼續嘗試去做這項進展緩慢的工作，並記錄大致環節的耗時。當你發現太多時間花在準備工作上，花在你走神、注意力不集中時，你要做的就是想辦法集中自己的注意力。比如，你之前在做這項工作期間，喜歡有意無意地看手機，喜歡上網看新聞，喜歡和同事聊天。那麼，現在你有必要排除這些干擾，你可以關掉手機，如果可以連電腦也關掉（除非這項工作必須在電腦上完成），然後貼上一張小便利貼提醒自己：閉嘴，不要聊天。以此督促自己認真執行。

2. 充分發揮表格工具在執行過程的作用

工作進展緩慢，反映的是時間觀念不強，要想解決這個問題，你可以充分發揮表格工具在執行過程的作用。每週第一天上班時，第一件事就是畫兩張表格：一張表格是週計畫表，另一張表格是日進度表，即把你未來一週要完成的工作列入週計畫表，並透過目標分解到每一天，設定每天的工作量，再把這個工作量列入日計畫表。

列好這兩張表之後，將它們放在桌上一個你時刻都能看到的地方。剩下要做的就是按照這兩張表的計畫執行，每天下班的時候看看日計畫表上的工作是否完成。如果沒有完成，一定要強迫自己做完，哪怕一個人留下來加班也在所不惜。

記住，千萬不要對自己太寬容，否則你會變得懶散，今天的工作任務沒有完成，留到明天就會增加明天的工作量。如此累積下去，你的週計畫最後就完不成了，你的工作進展就會很慢。

3. 衡量你的工作結果，而不是時間

這一點建立在上一點的基礎上，即每天下班時要對照日計畫表衡量自己的工作成果，看自己到底做了多少工作，而不是衡量你的工作時間。經常聽到有人這樣說：「我昨天晚上加班到凌晨3點，累死了。」雖然嘴裡說自己很累，但說話的語氣卻充滿了自豪與得意，好像自己是英雄，言外之意是：你瞧，我多麼努力。

殊不知，依靠加班才能完成工作，這種工作方式是沒有效率可言的。真正的高效能人士幾乎不會加班，因為他們在工作時間內已經把每天要做的工作處理得乾乾淨淨。下班之後，他們可以充分享受屬於自己

05　整理：清除混亂，讓效率起飛

的閒暇時間。只有執行力差的人才會磨磨蹭蹭到下班，見工作沒有完成，才逼迫自己加班。

所以，千萬別因加班而高興；相反地，你應該努力在工作時間內完成待辦事項，耗時越少越好，這才是高效率的工作方式，才是值得驕傲的事情。

思考：

最近一週內未完成或進度緩慢的工作，問題出在哪裡？

戴爾員工：為你的電腦「降降壓」

> 硬體令機器變快，軟體則使機器變慢。
>
> ——克雷格・布魯斯

　　清晨，當你來到辦公桌前，請花幾分鐘打量一下你的電腦：拿起你的鍵盤，輕輕抖動一下，看上面是否會掉下灰塵、殘渣。觀察一下電腦螢幕，上面是否有一層灰塵？還有星星點點的汙漬？低頭聽一聽電腦的散熱器，是否聲嘶力竭，像暮年的老馬拉不動車時的嘶鳴？

　　電腦是我們工作的幫手，就如同家裡的衣櫃、桌子的抽屜，以及廚房一樣，非常容易藏汙納垢，滋生病菌，這會直接影響電腦的執行速度，影響你的辦公效率，甚至會影響你的健康。因此，有必要定期清潔你的電腦。現在，請你拿起抹布、軟刷子或廢棄的牙刷，再準備一瓶電腦專用清潔劑，幫電腦的外表做個清潔吧，就像是幫它「洗個澡」！當然，做到這步還只是治標不治本，更重要的是要幫電腦「洗洗胃」，給電腦「降降壓」，即對電腦的內部進行清潔和整理。

　　開機之後，看看你的電腦桌面，上面是不是堆滿了各式各樣的資料夾、文件、圖片、音訊和影片檔案？點開你的電腦C槽、D槽、E槽檢查一下，裡面是不是有很多沒用的東西？再打開你的網頁瀏覽器，查看瀏覽紀錄裡面一條條的紀錄是不是多得數不清呢？

　　如果這些還不足以引起你對清理電腦的重視，你可以打開防毒軟體裡首頁的掃描或垃圾清理，看看能掃描出多少容量的垃圾，再看看有多少軟體是需要更新的，而你沒有更新。如果你的運氣「夠好」，或許還能

05　整理：清除混亂，讓效率起飛

看到一條條紅色的提示標語，那是防毒軟體在提醒你：電腦裡有病毒！如果你再不處理，說不定哪一天你的電腦就癱瘓了。

其實清理電腦並不難，難的是你是否重視這個問題，並且堅持定期執行。下面就來介紹一下清理電腦的具體方法。

1. 按檔案的內容，分門別類存放

很多上班族的電腦都有一個共同的特點，就是「亂」。亂表現為不同內容、不同格式的檔案混亂地放在一起。點開資料夾之後，裡面五花八門、包羅萬象，既有 word 檔案，也有圖片，還有工作中下載的 pdf 檔案，更有工作之餘下載的電影等影片檔案。

如果只是亂就算了，偏偏很多人資料夾裡的檔案多，多到打開之後頁面顯示不完，必須不斷下拉才能看到其他檔案。這種狀況直接導致在工作時，難以找到一個想要的檔案，因為你的眼睛要從太多的檔案中篩選、甄別，發現自己想要的檔案。

有位戴爾的女前輩有一天突然產生了這樣的顧慮：萬一哪天我有事沒來上班，或有一天我離開了這家公司，接手工作的同事怎麼能從電腦裡找到想要的檔案呢？因為她電腦裡的檔案實在太多、太雜、太亂了。想到這裡，她下定決心對電腦進行一次大清理。

她對自己的要求是，每一個資料夾的名稱、每一個文件的命名都要通俗易懂，不僅自己能明白，也要讓別人一目瞭然。同時，對電腦裡的檔案按照內容、檔案格式進行分類，並且嚴格控制每個資料夾中的檔案數量。為此，她還養成了新建「記事本」，在裡面寫工作日誌的習慣。

她在整理電腦時所表現出來的幾點做法值得我們參考：

(1) 分門別類存放資料。分門別類存放檔案，目的是便於尋找。就像整理家裡的衣櫃一樣，褲子都掛在一個格子裡，上衣都掛在一個格子裡，內衣都放在一個抽屜裡。這樣當你找什麼衣服時，就去特定的櫃子裡找，能夠非常容易就找到了。

整理檔案時，按照檔案的內容、格式分門別類，這一點非常棒。其實內容是分類的最關鍵標準，按照內容分類之後，再按照檔案的格式分別存放在不同的資料夾裡，這樣會讓你的電腦檔案非常有秩序。

值得一提的是，C槽是系統碟，不適合存放檔案。檔案存在C槽裡會影響電腦的執行速度，而且萬一電腦出了問題需要重灌系統，那些檔案很難被找回來。D槽通常用來安裝軟體，比如安裝瀏覽器、防毒軟體、影片播放軟體、音訊軟體等，最好也不要放工作檔案。最好將工作檔案放在E槽裡，並在裡面按照邏輯分類整理檔案。

(2) 整理檔案時，要簡潔通俗地為資料夾命名。就像上面那位上班族的作法，資料夾的命名既要自己看得懂，也要讓別人看得懂。例如，你可以將資料夾分成「顧客」、「經銷商」和「同事」3個子資料夾。

(3) 每個資料夾裡的子資料夾不要太多。務必避免子資料夾太多，多到整個螢幕都顯示不了，還需你滾動滑鼠才能看完全部子資料夾。通常來說，子資料夾最好控制在10個以內，過多不便於查詢。當然，這個並沒有死板的規定，而要看個人的工作習慣。

(4) 按日期整理檔案。在為資料夾、子資料夾命名時，可以在名稱後面加上序列號，並輸入括號，在裡面標註日期。尤其是對於每個階段的工作，應該放在一個子資料夾裡，並在名稱後面標註預計完成日期（如果你實際完成日期與預計日期有出入，應修改為完成工作的實際日期），這樣便一目瞭然。

2. 對重要的檔案進行備份

在工作中，有些檔案是非常重要的。對於這樣的檔案，你最好定期進行備份。備份的目的就是防止檔案丟失，具體的備份方法有很多，你可以將其備份到雲端硬碟，還可以將其複製到行動硬碟上，也可以儲存到其他的伺服器。定期備份檔案，並馬上刪除機器中不再需要的檔案。

3. 清理不必要的圖示和檔案

查看你的電腦資料夾和桌面，看看裡面有多少沒用的檔案、圖片和影片。這些沒用的東西放在電腦裡，占據電腦的記憶體，會影響其執行速度。

因此，建議你即時清理掉不必要的檔案和圖表。比如桌面上的各種圖示，其實你常用的或許只有一款網路聊天工具，如 Line，以及一個網路瀏覽器。如果你的瀏覽器過多，而且有些是你根本用不到的，建議你解除安裝它們，並刪除相應的安裝檔。至於沒用的檔案，你是最清楚的，應毫不客氣地放入資源回收筒，並且選擇清空資源回收筒。

4. 經常掃瞄病毒和清理電腦垃圾

每個上班族的電腦都安裝了防毒軟體，但有多少人經常清理，這就不好說了。使用防毒軟體清理電腦裡的垃圾、清理無用的登入檔、清理瀏覽器的紀錄。清理這些就像你每天掃地一樣，把家裡的灰塵、紙屑等掃地出門，讓家裡保持潔淨。如果你不想每天都點開防毒軟體清理，你可以設定定時清理，讓電腦在空閒時間清理，這樣你就省事多了。

戴爾員工：為你的電腦「降降壓」

行動方案：

花點時間，暫時放下手頭的其他工作，將你的電腦進行一次大清理，把不要的檔案刪除，把可以合併的檔案合併，把沒有歸類的檔案歸類，最後用防毒軟體清理一下電腦垃圾，然後感受一下電腦執行速度變快的美妙！

05　整理：清除混亂，讓效率起飛

愛因斯坦：
整理你的大腦，這比任何整理都重要

> 如果我腦子裡閃現出一個想法，為了防止這個想法轉瞬即逝，我會立即用筆把它記下來，然後對著所記錄的內容進行思考。如果我發現這個想法有用，就會留下來繼續思考；如果發現這個想法沒用，我就會將寫下來的紙揉成團，扔進廢紙簍。
>
> ——愛因斯坦

電腦用久了，硬碟上儲存的資料太多，會影響電腦的執行速度。有經驗的人會經常對電腦進行垃圾清理，會將電腦裡的資料分類整理，然後刪除不必要的檔案，使電腦釋放更多記憶體，保持良好的執行狀態。

同樣的道理，人的大腦也像電腦一樣，每天吸收許多資訊，而且這個資訊量遠遠大於電腦每天輸入的資訊和數據。試問，有多少人會定期清理自己的大腦呢？

其實，和整理桌子、櫃子、房間和電腦一樣，我們也應該定期整理自己的大腦。該建資料夾的就建資料夾，該歸檔的就即時歸檔，該刪除的就即時刪除，該記憶的就記錄在案。這樣才能讓我們保持清醒的頭腦，保持輕鬆的思維狀態，以防止不必要的繁雜資訊干擾我們正常的工作和生活。

整理大腦，主要是整理思維和想法。名人將自己的想法寫出來，稍加組織就可以編成一本暢銷書。我們普通的上班族，把自己的想法寫出

> 愛因斯坦：整理你的大腦，這比任何整理都重要

來，可以將它們編成日誌、日記。整理大腦、整理記憶、整理想法，其實就是整理許多一瞬間的觸動和一些深思熟慮的想法。這些想法有的有價值，有的沒有價值。有價值的應該保留下來，繼續深入思考；沒有價值的應該即時清除，為大腦騰出空間思考有價值的事。

愛因斯坦說過一句名言：「只有天才能支配混亂。」愛因斯坦本人就是一個天才，實際上他的辦公桌也很凌亂，但是他從來不讓自己的大腦混亂。即便是這樣的天才，他也會定期整理自己的大腦。

有一天，一位記者採訪愛因斯坦，請求看一下他的實驗室。愛因斯坦起初謝絕了，表示他的實驗室沒什麼可看的。但記者堅持認為，偉大物理學家的實驗室肯定有特別之處，因此充滿期待，最終得到了愛因斯坦的同意。來到愛因斯坦的實驗室後，記者發現的確沒什麼不同。不過，有一個很大的廢紙簍引起了他的注意。記者問愛因斯坦：「為什麼你的廢紙簍那麼大，裡面有那麼多揉成團的廢紙？」

愛因斯坦從口袋裡掏出一枝鋼筆，對記者說：「這就是我的科學裝備。」然後指著廢紙簍說：「在日常生活中，如果我腦子裡閃現出一個想法，為了防止這個想法轉瞬即逝，我會立即用筆把它記下來，然後對著所記錄的內容進行思考。如果我發現這個想法有用，就會留下來繼續思考；如果發現這個想法沒用，我就會將寫下來的紙揉成團，扔進廢紙簍。對於我來說，只要能夠記錄，再加上廢紙簍就足夠了。」愛因斯坦認為，透過記錄自己的想法，透過鑑別自己的想法是否有價值，可以即時將大腦裡沒用的東西過濾掉，將大腦裡有用的東西保留下來。所謂整理大腦，其實是為了更妥善地支配自己的生活，不讓自己陷入混亂，不讓生活和工作牽著自己的鼻子走，而是做生活和工作的主人，有效地掌控一切。

05　整理：清除混亂，讓效率起飛

1. 定期清空大腦的「資源回收筒」

有人說「存在即合理」，存在於大腦的想法和事情都有其存在的道理。但實際上，你大腦裡的很多想法和事情並沒有什麼價值。比如，那些不切實際的幻想，那些陳年往事，那些曾經的挫折和傷痛，那些仇恨和抱怨，等等。對於這樣的消極想法，讓它們在大腦裡多待一天就會多干擾你的思維一天。

不知道你是否有過這樣的經歷：有時候正工作著，突然腦子裡冒出了一個與工作毫無關係的想法：下班時要準備晚飯，該去買什麼菜呢？週末怎麼過呢？好像最近上映了一部電影，聽說很不錯！這樣的念頭在你工作的時候出現，只會對工作產生干擾。在那一刻，它們是沒有價值的。因此，你應該立即清理掉它們。

還有那些過去的痛苦、失敗，這一類念頭一定要清理掉。正如一部電影裡的臺詞：「走吧，不要回頭，做不好不要回來。」這句臺詞的意思是，離開這裡吧，不要讓過去拖累了你。是的，不能讓過去拖累了自己，對於工作中曾經的失敗、挫折和打擊，你應該毫不猶豫地將其清出大腦。

2. 用紙和筆幫你的大腦記事

學習愛因斯坦的記錄法，即時把大腦裡冒出來的想法記錄下來。也許你會問：為什麼要記錄呢？「好記性不如爛筆頭」，特別是一些瞬間產生的想法，如果你不立即記下來，轉眼之間就會忘記，事後即使你努力回憶，也不一定能想起來。而一旦你記錄下來，雖然只是一個想法的苗頭，卻讓你有了繼續思考下去的線索。

> 愛因斯坦：整理你的大腦，這比任何整理都重要

大腦是用來思考的，不是用來記錄事情的。對於記錄事情，用筆和紙記錄遠比用大腦記錄效率高得多，而且只要你保存好紀錄的內容，一輩子都不會遺忘。這樣的好處是事後可以分析記錄下來的內容，思考並反思，以判斷這個想法是否有價值。如果沒有價值就捨棄掉，就像愛因斯坦那樣，把那張紙片扔進廢紙簍。

為了更好地記錄大腦的想法，你最好隨身攜帶一本便捷的筆記本和一枝筆。當然，現在手機的功能越來越完善，你可以將隨時出現的想法記錄在手機備忘錄裡。不過，回到辦公室或家裡，應該即時將手機裡的紀錄內容謄寫到筆記本上，因為與手機相比，傳統的紙和筆能更妥善地儲存你的想法。

行動方案：

（1）把你的筆記本拿出來，將你大腦中的重要事項或者強烈影響你的事情寫下來。

（2）具體分析一下這些想法或事情，有價值的留下來，沒價值的刪除掉；應該做的事情留下來，沒必要的事情刪除掉。

（3）將留下來的想法和事情按照重要性或難易程度排出順序並標上序號，制定計畫，逐一完成。

05　整理：清除混亂，讓效率起飛

華爾街菁英守則：
跟雜亂無章的信箱說「再見」

　　很多上班族忽略了對電子信箱的管理和維護，導致電子信箱慢慢變成了一個垃圾桶，裡面塞滿了各式各樣的郵件、垃圾檔案和廣告訊息。

　　當你每天打開這樣一個雜亂無章的信箱時，就像打開亂七八糟的衣櫃，你心裡會有怎樣的感受呢？你會不會覺得心煩意亂，尤其當你找了很久也找不到一份重要郵件時，你會不會抓狂？如果真是這樣，為何不花一點時間整理，與雜亂無章的信箱說「再見」呢？

　　整理信箱有多種、多樣的專業方法，但問題是，信箱的管理和維護不是技巧問題，它更重要的是態度問題。有多少人不會刪除郵件？有多少人不會設定反垃圾郵件？又有多少人不會歸類檔案呢？其實，這些都不是問題，問題是你有沒有重視信箱的管理工作。

　　我有一位客戶，有一天我寄郵件給他，但屢次被對方退回。我意識到他的信箱沒有空間了，於是打電話給他，提醒他該清理信箱了。他嘴上答應得非常爽快，但第二天我寄郵件給他時，郵件依然被退回。我意識到對方根本沒有清理信箱。於是，我把準備好的合約寄給了另外一位客戶，就這樣，之前那位客戶失去了一次合作的機會。

　　如果有一天，你的信箱無法收到郵件，而你卻不以為然，你是否會擔心一門生意與你擦肩而過呢？當好心的客戶提醒你該清理郵件了，你會不會開始重視，立即著手去辦呢？下面就來介紹幾種最簡單的郵件管理方法。

1. 定期清理，讓無用郵件走開

打開你的信箱，看看有多少郵件是沒有用的。那些莫名其妙的廣告訊息，那些你曾經登入、哪怕只登入一次的購物網站寄來的郵件，那些廣發郵件，幾乎都可以列為「無用」檔案。既然是無用的，為何讓它們留在你的信箱裡，無情地占據你的信箱空間呢？

也許你真的很忙，但只要你少看一則新聞、少聊一次 Line，整理信箱的時間就騰出來了，不需要多，每天 3 分鐘足矣。快速地瀏覽郵件的標題，一封郵件有沒有用你就心知肚明了，然後迅速地刪除。這樣瀏覽一遍，你至少可以刪除 50% 的郵件。

清理無用郵件不僅是信箱管理最基本的方式，還是排解工作壓力，舒緩緊張身心的好辦法。當你看見一封封沒用的郵件被掃地出門時，你的內心也會像信箱一樣變得豁然開朗。

2. 幫郵件歸類，讓信箱不再混亂

當你清理了無用的郵件之後，就有必要對剩下有價值的郵件進行一番理歸類了，整理歸類的目的是便於今後翻閱和尋找相關郵件。

行動方案：

馬上打開你的電腦，進入你的信箱，對信箱來一次「大掃除」！

> 05 整理：清除混亂，讓效率起飛

奇異：注意打理自己的外表

> 無論你從事什麼，保持你的外表。
>
> ——英國小說家查爾斯‧狄更斯

領導學形象專家喬‧米查爾曾經說：「形象如同天氣一樣，無論是好是壞，別人都能注意到，卻沒人告訴你。」身為一名職場人士，不論你是坐在辦公室裡，還是走出公司，代表公司接待客戶或參加商務談判，你都需要小心翼翼地打理你的外表，讓你的形象發揮最大的功效。

為什麼有許多優秀的人才常年在一個職位上停滯不前？為什麼有些人受客戶歡迎，只要他出面就能談成合作、就能簽約，而有些人則不受客戶歡迎？

是他們不夠努力嗎？是他們缺少聰明才智嗎？或許這些都不是關鍵，而是他們沒有展示出自己的潛力，他們的形象讓老闆覺得「他們不適合更高的職位」，讓客戶覺得不舒服，並進一步覺得他們的產品不可靠，不值得信任。要知道，一個人的外在形象展示出來的不僅是外表那麼簡單，還反映出其內在素養。

長久以來，人們一直相信工作效率、能力、可靠性，以及勤奮工作是職位升遷的重要條件，是贏得客戶好感、同事信賴的關鍵，這當然沒有錯，可是光靠這些並不夠，還必須重視打理自己的外表，塑造一個良好的形象。

那麼，怎樣的形象才是最成功的形象呢？答案是展示出與你的職位相符的形象，讓人從這個形象中看到你是有潛力、值得信賴的人。這樣

> 奇異：注意打理自己的外表

你的老闆和上司才更容易相信你適合更高的職位，你的客戶才更容易相信你推銷的產品。

美國著名形象顧問莫利先生，從《財富》雜誌排名前 300 名的公司裡，隨機調查了 100 名執行長，問他們如何看待一個人的形象在職場升遷中的作用。其中，92% 的人表示：選擇助手時，不會選擇那些不懂穿著的人。

93% 的人表示：在首次面試中，如果求職者的著裝不合適會拒絕錄用。

97% 的人表示：懂得並能夠展示外在魅力，會獲得更多升遷機會。

100% 的人表示：如果有關於商務著裝的培訓課程，他們會送子女去學習。

100% 的人表示：企業應該有一本專門講述職業形象的書籍，以供職員們閱讀和學習。

很多公司的管理者認為，優秀的形象比研究生的學位更重要。加拿大某保險公司人事部門主管，在談到形象的重要性時說：「我們的職員代表著公司的形象，職員的形象反映著我們的產品品質。」

一位英國公司的總裁則說：「一個價值幾千萬英鎊的名牌，能因為幾個在見客戶時穿著隨便、無法抬頭挺胸、叼著菸捲在門口踱步的員工而貶值！」你的外在不只是個人問題，還代表著公司的形象，影響公司的利益。所以，你沒有理由不重視打理自己的外表。

1. 牢記職場著裝原則

常言道：「人靠衣裝馬靠鞍。」如果你想打理好自己的外表，塑造出良好的形象，就需要牢記職場的著裝原則，嚴格按照這些原則著裝。也

05　整理：清除混亂，讓效率起飛

許你覺得自己只是一名普通的小職員，沒必要穿得那麼正式，穿得那麼「高調」。殊不知，西方有句名言是這樣說的：「你可以先裝扮成『那個樣子』，直到你成為『那個樣子』。」也就是說，如果你想成為職場的成功人士，那麼不妨先讓自己穿得像個成功人士。當你看起來「像個成功的人」時，人們就會選擇相信你的公司也是成功的，因而願意與你打交道，願意與你的公司合作。

穿著本身是一種武器，它能反映出你的個性、氣質，甚至內心世界。一個穿著有品味的人，必然在職場競爭中占上風。接下來就介紹幾個著裝的原則：

(1) 乾淨整潔。保持衣服清潔乾淨，經常燙衣服，讓衣服整潔。

(2) 符合潮流。既不能太前衛、時髦，又不能太保守、復古。畢竟職場不是時裝走秀，也不是古裝劇的拍攝地。

(3) 符合個人身分。如果你是普通職員，就穿得像個職員──普通的西裝、皮鞋即可，加上公事包；如果你是中層管理者，可以稍微注重衣著的品質，即服飾的質地。無論你怎麼穿，職業裝都是最合適的。

(4) 揚長避短。假設你個子比較矮，可以穿一雙增高皮鞋，並打理一個可以修飾臉型的髮型，讓兩邊的頭髮短，頭頂的頭髮蓬鬆起來，這樣可以讓你更有精神，看起來身材更修長一點；假設你的脖子較短，穿無領衫比較好；假設你的腿粗，最好別穿裙子；假設你個子很高（女性），盡量穿低跟的皮鞋，等等。

(5) 區分場合。場合分為公務場合、社交場合、休閒場合。談判場合就屬於公務場合，這時應穿得莊重保守。男士可穿西服套裝，女士可穿西服套裙，不宜穿得太隨意、太休閒。企業聯誼會就屬於社交場合，這時應穿得大方得體。因為社交場合的主要目的是交友，比如以舞會友的

舞會、以宴會友的宴會等,大方得體有助於大家輕鬆愉快地交流。職場中的朋友見面,所處的環境就屬於休閒場合,這時對著裝的要求沒有很高,基本的要求是舒適自然,可選擇休閒系列的服裝,包括休閒裝、牛仔裝等,也包括各色時裝。

下面附上職場人士必備的著裝和服飾,僅供參考:

職場男士必備的著裝服飾	
一套黑色西裝	5～8條單色、條紋的領帶
一套藏青色西裝	皮質手提箱
一套鐵灰色西裝	兩條黑色或棕色的皮帶
2～3套細條紋或其他顏色的西裝	兩雙黑色商務皮鞋(不用繫鞋帶)
5件白色長袖棉質襯衫	兩雙黑色商務皮鞋(繫鞋帶)
藍色或細條紋襯衫	四季皆宜的短大衣
一隻優質的手錶	一款適合自己的香水
職場女士必備的著裝服飾	
黑色或灰色的職業套裝	3條絲巾或圍巾
藏青色或黑色的西裝套裝	黑色高跟鞋
3套互相搭配的上衣和裙子	黑色皮帶
兩件白色或粉色的襯衫	黑色、棕色或暗紅色的皮包
配套的項鍊、手鐲	黑色、棕色、粉色的風衣或大衣
質感優良的手錶	兩款適合自己的香水

2. 模仿成功者的言辭、表情和動作

打理自己的外在,樹立良好的形象,首先要從著裝入手,又不僅限於此,還應該在言辭、舉止、表情等身體語言上下功夫。因為一個人的精神狀態,也屬於外在形象的重要組成部分。如果一個人穿得像個成功人士,但神態、舉止、言辭不得體,那麼也不可能給人留下成功者的印象。

05　整理：清除混亂，讓效率起飛

　　世界上傑出的企業領導人，無一不重視員工的精神面貌。傑克‧威爾許（Jack Welch）在這方面特別嚴格，他要求員工「像清除園中的雜草」一樣打理自己的外表。為此，他定期查看職員的照片，如果發現員工低垂著肩膀、睡眼惺忪或者垂著腦袋，就會毫不猶豫地指出：「這與公司的形象不符，這樣的人能做好什麼？」他還以應徵者的外表權衡是否錄用這個人。比如，在應徵市場行銷人員時，他會選擇那些外表英俊、談吐流暢的應徵者。

　　為了讓自己擁有成功者一般的精神面貌，你可以先選擇一個成功的偶像作為模仿對象，模仿他的說話方式，模仿他的肢體語言，模仿他的神態等，直到你看起來像成功者為止。曾被升為公司行銷部經理的班傑明就是這麼做的。在進入公司後，班傑明多年未得到提拔，後來他接受了形象顧問的忠告，積極打理自己的外表，模仿成功者的言談舉止。

　　班傑明選擇的模仿對象是英國前首相布萊爾和美國前總統柯林頓，為此他經常觀看他們演講的影片，並認真觀察他們的言行舉止，然後練習和模仿。慢慢地，他的舉手投足之間有那麼幾分領袖氣質，並且在一次商業談判中，他成功為公司拿下了一筆大生意。隨後，公司提拔他為行銷部總監。班傑明總結自己的職業升遷經驗：像領袖那樣思考，像領袖那樣說話，像領袖那樣流露表情和展現肢體動作，總有一天，你會成為領袖。

友情提醒：
著裝禁忌要注意

　　（1）忌過分鮮豔

　　（2）忌過分雜亂

　　（3）忌過分短小

奇異：注意打理自己的外表

(4)忌過分透視
(5)忌過分暴露
(6)忌過分緊身

05　整理：清除混亂，讓效率起飛

06
效率：
專注於關鍵，成就高效生活

　　每一天我們都要面對很多工作，可不知你是否想過：同樣都是工作，不同的工作卻有著不一樣的重要性。如果懂得把 80% 的時間和精力用在 20% 的重要工作上，那麼你往往可以獲得事半功倍的工作效率。

06　效率：專注於關鍵，成就高效生活

帕雷托：80/20 法則

> 把 80% 的時間和精力放在 20% 的重要事情上。
>
> ——義大利經濟學家帕雷托

在我們周遭，很多人經常被這樣的感覺困擾：好像時間永遠不夠用，工作永遠做不完，自己永遠在疲於奔命。這究竟是什麼原因造成的呢？人們很少進行這方面的思考和分析。其實，造成瞎忙、低效的根源是不會分配時間、不會管理工作，不懂得把主要的工作時間和精力放在最重要的工作上。如果他們懂得把 80% 的時間和精力用在 20% 的重要工作上，那麼一切都會變得輕鬆起來。

20 / 80 法則

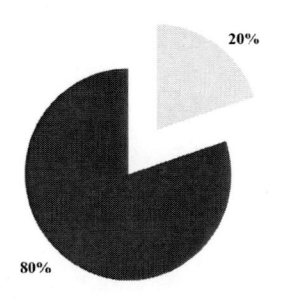

80%的工作產生的效果　　20%的工作產生的效果

20%

80%

「把 80% 的時間和精力放在 20% 的重要事情上」，這就是著名的「80/20 法則」的精髓。80/20 法則又稱二八法則，是 19 世紀末義大利經濟學家帕雷托（Vilfredo Pareto）提出來的。它的大意是：在任何特定群體中，最重要的因素往往只占少數（大概 20%），而不重要的因素則占大多數（大概 80%）。因此，只要你控制好最重要的少數因素，就可以輕鬆地

掌控全局。在工作上，如果你能有效地運用二八法則，將會取得意想不到的收穫。如下圖所示：最重要的 20% 的工作產生的卻是 80% 的效果。

弗萊德是一家管理顧問公司的老闆，他靠顧問事業賺得千萬財富。然而，他並非商學院出身，也沒有過人的才華，他唯一擅長的就是分配時間和精力到不同的工作上。在弗萊德的公司裡，每一名員工一週的工作時間幾乎都在 70 小時以上，但弗萊德卻很少進公司，在工作上花的時間很少。他一般只出現在每個月的股東大會上，而且是全球股東都得參加的會議。

你一定非常好奇，弗萊德的時間和精力都用在哪裡了呢？答案是他用來思考，用來與公司 5 個最重要的下屬打交道。透過掌控這 5 個下屬，弗萊德很好地掌控了整個公司的經營。這就是他的管理祕訣，也是他的成功之道。

有個成語叫做「事半功倍」，每個人都想達到這種工作效果，弗萊德則是這方面的典範。事實上，你完全不必羨慕他，因為如果你能好好利用二八法則，你也能達到事半功倍的工作效果。對於職場人士來說，通常只需要一點點方法上的改變，就能取得巨大的工作績效。根據二八法則的原理，如果你能在重要的事情上花 80% 的工作時間（其實用不著花 80% 的時間），你便能獲得比以往好得多的工作績效。

我們可以做一道簡單的數學題：假設你每天 9：00 上班，17：00 下班。工作時間為 8 小時，扣除午餐 1 個小時，只有 7 個小時的工作時間。按照二八法則的原理，你要把其中 80% 的時間用在 20% 的重要工作上，即 7 個小時 ×80% ＝ 5.6 個小時。也就是說，你每天花在 20% 重要工作上的時間為 5.6 個小時，再用剩下的 1.4 個小時去應付無關緊要的瑣事，這樣你就可以在工作中遊刃有餘。

06　效率：專注於關鍵，成就高效生活

當然，這只是一個大概的標準，還需結合每個人的工作性質和每天的具體工作量來調整。要想有效地運用二八法則管理工作，你需要注意兩個重點。

1. 分析你的工作，找出 20% 的關鍵因素

運用二八法則的困難之處不在於如何計算時間、分配時間，而在於你首先必須找到最重要的工作，找出決定你工作效率最關鍵的因素。如果你連這個都找不出來，那你怎麼去分配時間呢？

曾有人問麥肯錫：「我怎樣才能提高利潤？」麥肯錫沒有直接回答，而是問對方：「你的利潤是從哪裡來的？」這是個非常重要的答非所問，它比直接告訴對方答案更重要。這讓提問者意識到分析自己的利潤來源，分析自己的客戶有多麼重要。為了替提問者找到「利潤從哪裡來」，麥肯錫的團隊結合他所提供的客戶資料，進行了分類和分析，把每一個客戶與他的公司進行業務往來的資料都整理了一遍，最後發現了一些重要現象：80% 的銷售額來自 20% 的大客戶，20% 的營業額來自剩下的 80% 客戶。

明白了這點之後，麥肯錫建議提問者，把主要精力（80%）放在維護那 20% 的大客戶上，想辦法從他們那裡獲得更多的合作，把 20% 的時間和精力用來維護 80% 的小客戶。如果時間有限，甚至可以捨棄其中一些小客戶。很多人不知道如何提升工作效率，癥結是不知道效率從何而來，利潤從何而來。一旦想通了這個問題，一切就會變得簡單起來。所以，你要掌握的是從繁雜的工作中發現重要的工作，從複雜的客戶中發現重要客戶。為此，你可以這樣做：

(1)把所有的工作列出來，記錄在待辦事項清單上。

(2)分析這些工作的重要性、輕重緩急。想要順利做好這一環節，你可以考慮這些工作對全面性工作的影響。

(3)按照工作的輕重緩急排序（前文已經講過，此處不再贅述）。

(4)為各項工作分配時間，設定完成的時段。

2. 集中「優勢兵力」攻擊「主要目標」

當你完成了第一步工作之後，剩下的就是執行的問題了。執行時，要堅持一個原則：集中「優勢兵力」攻擊「主要目標」，即把時間和精力優先放在重要的工作上。為此你要做好防干擾工作，拒絕被無關緊要的小事影響，努力減少被同事打擾的可能性。至於其他不重要的工作，你可以延後處理，如果時間不允許，可以乾脆放棄。這也不會影響到你的整體工作績效。

藍迪曾是一名軍人，退伍後他創辦了自己的公司。在公司裡，他是最悠閒的人。雖然是公司的老闆，但他很少管行政事務，而是交給部屬管理。他的主要時間和精力用在思考如何提升與重要客戶的交易額上，然後思考用最少的成本達到此目的。每一個工作日裡，藍迪手頭上從來不會同時有多於3件工作。對於多出來的工作，他總是交給部屬去完成，這樣有效確保他的時間和精力可以用在20%最重要的工作上，大大提升了他的工作效率。作為一名公司管理者，你可以告訴員工：「在我某個工作時段內，不許打擾。」但作為普通員工，難免會被突如其來的工作安排打亂計畫。因此，為了把臨時任務對你造成的干擾降到最低，在為重要工作分配時間時，有必要多預留一些時間以應對臨時工作，避免你的原工作計畫被打亂，從而保證最終的工作效率。

06 效率：專注於關鍵，成就高效生活

假設你今天頭等重要的工作是制定活動企畫，你為這項工作安排了 2 小時。為了預防上司臨時安排工作給你，或者同事中途打擾你，你可以預留 15～20 分鐘時間，即最終為制定活動企畫的工作分配 2 小時 20 分鐘。

小問題：

本月員工的薪資收入有些變動，許多人拿著薪資單來找會計，要求給予解釋。按照習慣性思維，會計往往會逐一向前來詢問的同事解釋，現在了解了二八法則之後，如果你是會計會怎麼處理？

提醒：

思考一下同事們可能存在的疑問，然後寫一封電子郵件發給每位同事，或發到公司的社交群組，提醒大家看「公告」。

彼得・杜拉克：永遠做正確的事

> 效率是「以正確的方式做事」，而效能則是「做正確的事」。
>
> ──現代管理大師彼得・杜拉克

愚公移山的故事想必大家都聽過，講的是高齡的愚公開山修路的故事。雖然它譜寫了一曲勤勞之歌，但身處如今快節奏的時代，愚公的做法卻不值得提倡。理由是與其移動大山，不如學學「孟母三遷」，畢竟搬家比移山難度小得多。

美國著名的管理大師彼得・杜拉克曾在自己的著作《卓有成效的管理者》中，簡明扼要地指出：「效率是『以正確的方式做事』，而效能則是『做正確的事』。效率和效能不應偏廢，但這並不代表著兩者具有同等的重要性。我們當然希望在取得高效能的同時，又有高效率，但是當兩者無法兼得時，我們首先應著眼於效能，然後設法提升效率。」

多麼經典的論斷！效能比效率更重要，就好比方向比努力更重要一樣。雖然兩者都非常重要，但有先後次序。前提是選對方向、走對路，其次才談得上如何行走、如何加速。同樣的道理，只有先做正確的事，才談得上正確地做事。如果一開始就在做錯誤的事，即便你很努力、效率很高，實際的效率也比不上一開始就做了正確的事的人。

美國華盛頓廣場上，有一棟著名的建築，名叫傑佛遜紀念堂。曾有一段時間，人們發現這棟建築的某處牆面上出現了裂紋。為了保護好它，相關部門組織專家專門進行了研討和分析，試圖找到大廈出現裂痕

的原因和補救措施。最初，大家認為損害大廈的元凶是建築物表面腐蝕性的酸雨。為此，專家們精心設計了一套詳盡的維護方案。

就在大家準備實施這套維護方案時，有一位專家提出了異議。他認為應該進一步研究為什麼大廈表層會有腐蝕性的酸雨。這一提議得到了大家的贊同，於是專家們繼續深入分析，最後他們發現：原來這些腐蝕性的酸雨來自鳥糞。

為什麼牆壁上有鳥糞呢？因為紀念堂周圍聚集了很多燕子。為什麼周圍有很多燕子呢？因為紀念堂的牆面上有燕子愛吃的蜘蛛。為什麼牆面上有很多蜘蛛呢？因為紀念堂四周有蜘蛛喜歡吃的飛蟲。

為什麼周圍有那麼多飛蟲呢？因為紀念堂的窗子透出來的光線充足，致使飛蟲聚集於此，並且快速繁殖……最終，專家們發現要想保護大廈的牆體，辦法非常簡單，就是把大廈的窗簾拉起來，減少玻璃的反光性，如此一來，一切問題都迎刃而解了。

如果專家們不一步步找出原因，他們很可能要每年花上幾百萬美元，採用現代高科技的清潔技術去維護大廈的牆體。這不就是在做錯誤的事嗎？雖然現代高科技的清潔技術很先進，工作效率很高，但由於沒有正確地做事，導致在解決問題時治標不治本，結果費時、費力、費錢不說，還無法達到滿意的效果。

相比之下，由於專家們最終找到根源問題，輕鬆達到了目的。由此可見，做正確的事是高效的前提。

這不由得讓人想到另外一則故事：有一段時間，動物園的工作人員發現袋鼠總是跑出籠子。於是，大家開會討論，最後一致決定加高籠子，從原來的10公尺高加到20公尺高。可是加高籠子後，袋鼠依然跑

出籠子，於是大家決定繼續加高籠子，把籠子加高到 30 公尺。可沒想到的是，袋鼠還是會跑出籠子。

某天，長頸鹿在和袋鼠們閒聊：「你們看，那些人真傻，他們會不會繼續加高你們的籠子呢？」「很難說，」袋鼠說，「如果他們再忘記關門的話！」這是一個充滿諷刺的寓言故事，具體地呈現了那些只知道做事，卻不知道做正確事的人。在職場中，只知道「加高籠子」的人有很多，也許他們加高籠子時很賣力、速度很快，但永遠稱不上高效，只因為他們沒有做正確的事。那麼，怎樣才能做正確的事呢？

1. 先停下手頭的工作，找到正確的事情

奧姆威爾・格林紹是麥肯錫的資深顧問，他曾經指出：「我們不一定知道正確的道路是什麼，卻不能在錯誤的道路上走得太遠。」這句告誡對每個人都很有意義，它告訴我們很重要的工作方法：如果我們一時還無法清楚分辨什麼是正確的事，那最起碼應該先停下手上的工作。停下手上的工作，你才能好好思考什麼是正確的事，才能避免在錯誤的道路上走得太遠。

2. 找出正確的事，也就是找到最重要的事情

工作就是解決問題，有時候問題擺在桌面上，上司請你去解決。問題本身已經相當清楚了，解決問題的辦法也很清楚，但是在你解決這個問題之前，請確保自己正在做正確的事。你很有可能有更重要的工作要做，在這種情況下，你應該把重要的工作先搞定，再去解決這個不太重要的問題。

3. 聰明地表述你的觀點，爭取先做正確的事

有位醫生發現自己的患者在輕微頭痛的症狀下，隱藏了某些嚴重的疾病，他告訴患者：「先生，我可以治療你的頭痛，不過我認為這是某種更嚴重疾病的症狀，我會做進一步檢查，努力袪除你的病根。」這位醫生的做法很明智，他懂得治病要治本的道理。

同樣，你也可以參考這種方法用在工作上。比如，老闆要求你解決某個影響公司業績的問題，你分析之後認為，造成業績問題的根源是另一個更重要的問題。這時你可以對老闆說：「你請我去解決 X 問題，但我分析之後，發現真正影響公司業績的問題是 Y。如果你要求我現在解決 X 問題，我樂意這麼做。不過，我認為應該把精力放在解決 Y 問題上，這更有利於提升我們公司的業績。」

友情提醒：

面對一項工作或一個問題，最大的失誤就是不加思考：不搞清楚完成這項工作的關鍵，或不研究這個問題的癥結，就想當然地採取行動。這樣往往會白費力氣、浪費時間、效率低下，因此一定要注意避免。

麥肯錫工作法：一個壘一個壘地打

> 一次做好一件事的人比同時涉獵多個領域的人要好得多。
>
> ——世界潛能開發大師博恩・崔西

有一次，麥肯錫公司邀請了一位客戶來演講。演講者是一家大型電子公司的執行長，他曾經是麥肯錫的職員。他在演講中表達了這樣的觀點：「別把球打出場，一個壘一個壘地打。」演講者的意思很明顯，就是你不可能一口氣把所有的工作都做完，當你面臨的工作很多時，你唯一能做的就是一個工作接一個工作地處理，在單位時間內，一次只做一件事。

在美國紐約中央火車站的詢問處，每一天都人潮擁擠，過往匆匆的旅客爭搶著詢問自己的問題，希望在這裡獲得幫助。接受詢問的工作人員承受的壓力之大可想而知，疲於應答也許是他們唯一的感受。然而，有一位工作人員卻是個例外。他每次接受旅客的詢問時，無論旅客問什麼問題，他都會面帶微笑、表情從容地耐心回答。

有一次，一個矮胖的婦女匆匆跑過來詢問，他傾斜著半個身子去傾聽：「是的，妳想問什麼？」

正當婦女結結巴巴地回答時，一位穿著時髦、手提皮箱的男子試圖插話詢問。沒想到，這位工作人員卻視若無睹，只是繼續注視著那位婦女：「妳要去哪裡？」

「春田。」婦女說。

06 效率：專注於關鍵，成就高效生活

「是俄亥俄州的春田嗎？」

「不，是麻薩諸塞州的春田。」婦女說。

他根本不用看列車時刻表，順手一指說：「那班車在 10 分鐘之內就要出發了，在第 15 號月臺。妳不用跑，時間還很充裕。」

「你說的是 15 號月臺嗎？」婦女問。「是的，太太。」

婦女轉身離開後，他再將注意力轉移到那位之前打算插話的男子身上。但是沒過多久，那位婦女又回來了，問道：「你剛才說的是 15 號月臺嗎？」這一次，這位工作人員沒有理睬她，而是集中注意力接受那位男子的詢問。

直到男子滿意地離開，他才把注意力再轉移到那位婦女身上。

有人曾問這位工作人員：「能不能告訴我，你是如何做到保持冷靜和專注的？」

得到的回答是：「我沒有和民眾打交道的習慣，我只是單純一對一地為旅客服務。忙完了一位，再換下一位。在每一個工作日裡，我一次只服務一位旅客。」

這就是那位工作人員從容自若的原因。看看我們身邊，有多少人在工作中把自己搞得緊張兮兮、疲憊不堪，而且效率低下？也許他們工作太多，但關鍵是他們沒有掌握高效工作的方法：一次只做一件事。他們總是試圖一心二用、一箭雙鵰（甚至一心三用、一箭三鵰），以為同一時間做的工作越多，效率越高，卻不知結果恰恰相反。

著名的成功學家、潛能開發大師博恩·崔西有一句名言：「一次做好一件事的人比同時涉獵多個領域的人要好得多。」富蘭克林就恪守了這條原則，他將自己一生的成功歸功於「在一定時期內不遺餘力地做一件事」

這個信條。對於很多職場人士來說,每天面對的工作很多,而高效能人士每次只做一件事,這就是他們取得高效工作最簡單的方法。

事實上,我們可以想像有一個沙漏,那些繁雜的工作就是沙漏中的沙子。如果你想讓沙漏裡的沙子盡快漏下來,最好的辦法不是用力地往下擠壓沙子,使更多的沙子同時漏下來,而是順其自然,讓沙子有秩序地一粒粒漏下來。這樣既能保證執行的效率,又能井然有序。

同樣地,當你面對多項工作時,與其忙碌地趕時間、拚工作,頻繁地更換工作內容,幻想同一時間做好多項工作,不如老老實實地遵循「一次只做一件事」的原則,這樣既能保證你的工作效率,又能有條不紊地推進工作。這就是「不貪多、不求快,專注行事」的美好結果。

細細分析「一次只做一件事」的工作法則,你會發現它包含了兩個重要因素:一是每一時段都有一個清晰的工作目標,二是做每一項工作都集中精力,保持專注。接下來,就從這兩個方面探討如何「一次只做一件事」。

1. 目標:
一個時段只有一個工作目標,只有一個工作重點

高效工作的最大敵人就是目標混亂不清,就像打獵一樣,如果你的目標過多,當多個獵物出現時,你甚至不知道要瞄準哪個獵物,最後很可能一個獵物也打不到。工作目標太多,造成思想上的混亂,而思想一旦混亂,行為就變得混亂,還會出現遲緩,甚至「當機」。這就是很多職場人士覺得忙、覺得累的重要原因之一。

所以,從這一刻起,為你的大腦減輕負擔。你要做的就是在一個時段確定一個工作目標,全力以赴地完成這個目標。你可以這樣做:

（1）每天上班之前，把當天要做的工作列一份清單。

（2）按照這些工作的輕重緩急程度，排列先後次序。

（3）給每項工作預設一個工作時段，在特定時段只做這件事。

（4）做完一項工作後，可以短暫休息，然後繼續下一項工作，以此類推，直到下班。

2. 專注：
眼中只有當前的工作，其他的工作請選擇暫時遺忘

炎熱的夏天，你拿著一個凸透鏡將陽光聚焦到報紙上，只要你堅持一段時間，報紙就會被點燃。如果你不停地挪動凸透鏡，使凸透鏡聚集的光點在報紙上移動，那麼報紙永遠無法被點燃。這就是專注和堅持的神奇力量。

有為青年向昆蟲學家法布爾請教：「我把全部的精力都花在我愛好的事業上，但結果卻收效甚微。」法布爾讚許道：「看來你是一位積極上進的有志青年。」

青年說：「是啊，我愛科學，也愛文學，還對音樂和美術充滿興趣，我把時間和精力都花在這些上面了。」法布爾從口袋裡掏出一塊凸透鏡，對青年說：「請你像這塊凸透鏡一樣，把精力集中到一個焦點上，並且有所堅持。」

世界上所有的高效能人士幾乎都有一把成功的鑰匙。鋼鐵大王卡內基、石油大王洛克斐勒、美國銀行家摩根等人都曾經用這把鑰匙開啟成功之門。如果你要問這把鑰匙是什麼，他們會告訴你：「這把鑰匙是專注。」他們的專注表現為一生只做一件事，這是一個漫長的堅持。對於

絕大多數人來說，做不到一生只做一件事也沒有關係，只要能堅持「一次只做一件事」，成功之門也會為他們打開。

「一次只做一件事」表現出來的專注，就是在某一時段裡集中精力去做這件事。

比如，你列好待辦事件清單之後，把事情排出先後順序，並設定完成的時段，在這個時段裡，你全力對付這件事即可，至於其他的事情，你不妨選擇暫時遺忘，不要去想它們，不要去管它們。哪怕後面還有一大堆工作要做，你也不要去想，你要做的就是當下這件事，不斷地做當下這件事，直到所有的工作逐一被你搞定為止。

小思考：

如果兩件事、三件事，甚至四件事同時發生，而且都要你一個人來做，你會怎樣處理？

提醒：

迅速地在大腦裡思考，最應該先做哪件事，簡單地排次序，然後一件件地去完成，切忌手忙腳亂。

06 效率：專注於關鍵，成就高效生活

日式工作：無論做什麼都一次完善

> 一開始就要懷著最終目標去工作。
>
> ── 日式工作法

你坐在沙發上剝橘子，然後把皮往不遠處的垃圾桶裡一拋，結果拋到地上、弄髒了地板。於是，你有點小懊惱地站起來，走過去彎腰撿起橘子皮，並且拿起拖把弄髒的地板拖乾淨。最後，你坐回沙發，享受你剛才剝好的橘子。

在我們的生活中，有很多這樣的例子。原本你想少走兩步路，但由於偷懶沒成功，你不得不重新去做。如果第一次就把事情做到完美，你就不用倒退重來或修正，這樣你就可以避免走彎路，就可以節省很多時間和精力。

在工作中，樹立「第一次就把工作做到完美」的意識並養成這個習慣很重要。這表現出來的不僅是一種工作態度，更是一種工作能力。這種態度和能力關係到執行的效率和品質，關係到你在上司心目中的形象，關係到你在公司中的升遷。

有時候，沒有在第一次就把工作做到好，影響的不僅是自己的工作效率，還會直接損害公司的利益、聲譽。因為每一位職場人士，都是公司裡重要的一員，是公司高效運轉不可或缺的環節，就像木桶壁上的一塊塊木板，如果某一塊木板太短，肯定會影響整個木桶的盛水量。而且，每一位職員走出去代表的都是公司。如果自己的工作沒做好，那麼肯定會影響公司的形象。

李哲是一家廣告公司的廣告頁面設計師。有一次，他在為客戶設計廣告宣傳單時，不小心誤植了客戶聯繫電話中的一個數字。設計排版之後，他也沒有檢查，就急急忙忙地交給列印部門列印。當他們把列印好的宣傳單交給客戶時，客戶也沒有檢查。

第二天，在客戶的產品釋出會上，這些廣告宣傳單被發放出去。產品釋出會收到了很好的效果，可是釋出會結束後，客戶公司沒接到任何顧客來電。他們感到不對勁，一看廣告宣傳單，發現上面的電話號碼寫錯了。

客戶非常氣憤，要求李哲所在的廣告公司賠償鉅額損失。這種損失不僅是印製1萬份宣傳單所花的費用，還有企業形象和利益損失費。由於李哲的廣告公司確實有錯，再加上客戶召開產品釋出會的費用龐大，廣告公司只好按照要求賠償。

然而，事情並未就此結束。很快，這件事就傳到了廣告公司的其他客戶那裡，致使該廣告公司的形象和聲譽嚴重受損。從那以後，廣告公司的生意越來越少，以前合作過的老客戶都紛紛離去，因為他們也怕這種事情出在自己身上。

有些職場人士認為，第一次沒把工作做到完美不要緊，大不了修改和補救。

然而，李哲的故事讓我們看到，有些工作是無法補救的，一旦第一次沒做到完美，就可能永遠失去機會。比如，失去了客戶的信任，失去了到手的生意。

06 效率：專注於關鍵，成就高效生活

1. 領會了上司的旨意再去做

你走進一片叢林，開始清除矮灌木。當你費盡千辛萬苦，好不容易清除完一片矮灌木，直起腰來準備歇口氣時，猛然發現：面前這片灌木林不是你要清理的，你要清理的灌木林在另一邊。

在職場中，有多少人在工作時會出現類似的錯誤？接到任務就去做，可做著做著發現不對勁，再一思考，發現自己誤會上司的旨意，執行偏離了方向。如果想避免出現這樣的低階失誤，避免第一次就把工作搞砸了，你要做的就是在接到工作指令時，思考清楚到底要做什麼，若不清楚，你可以向上司問清楚。切不可自以為理解，慌忙地行動。

2. 一開始就要懷著最終目標執行工作

做任何工作，如果沒有目標，就不可能有切實的行動，更不可能有滿意的結果。高效能人士的最大特點是，做事之前會想清楚自己要達到怎樣的目標，然後圍繞這個目標進行精心的安排和周到的布局，保證目標順利達成，絕對不是想一步做一步，做到哪兒算哪兒，做得差不多就行了。

孫先生的好朋友從日本回來，計劃開一家日式料理店，請他幫忙選擇店址。他們跑遍了整個城市，看了很多房子，最後從中挑出10間較為不錯的，並把它們的位置、環境、布局、價位等列成清單，進行反覆對比，最終確定了最為滿意的3間。孫先生以為隨便從這3間中選一個就可以，沒想到朋友還要繼續比對這3間店的店址。為此他製作了一個更加詳細的資料表，委託一家市調公司做市場調查，根據調查的回饋，最後確定了一間。

> 日式工作：無論做什麼都一次完善

接下來開始裝修。朋友找到裝修公司後，對負責人詳細描述了自己的意圖，對方很有耐心地聽著，孫先生也在一旁聽。孫先生剛開始覺得朋友很認真，到後面他不耐煩了，因為朋友講得太詳細了，不僅店內所有的空間設計都要講，還有廚房、洗手間等每個角落都詳細地說明。這讓孫先生突然覺得朋友變得很陌生，心想：他什麼時候變得如此囉嗦？

終於，店面裝修完成了。進到店裡面，給人的第一感覺是舒服，第二感覺、第三感覺還是舒服。因為所有該考慮的問題，朋友都考慮到了。可朋友還是不放心，請孫先生提出意見，看什麼地方做得不夠好。孫先生終於忍不住了，催促道：「你怎麼這麼婆婆媽媽？趕緊開幕吧！早開幕一天，早賺一天的錢。」

朋友說：「不著急，開幕還要等一週，從明天開始，你幫我做件事，幫我宣傳一下，帶你的親朋好友來我店裡，全部免費，但有一個條件，每吃一次，他們至少要提出一個意見。」

孫先生感到莫名其妙：「這究竟是為什麼啊？你是不是發燒了？」朋友耐心地解釋道：「在開幕之前，我必須把所有可能讓顧客不滿意的地方都消除。因為在日本，一旦你開幕後讓顧客感到有不滿意的地方，就會失去你的顧客，後面想讓顧客回心轉意就很難了。所以，必須第一次就把這些工作做好。」

一次把工作做到完美，你才有機會贏得競爭的勝利，否則你想事後補救也許就晚了。這就是高效能人士的偏執，乍看之下，你或許覺得他們磨磨蹭蹭，做事太慢，但他們慢中有細、慢中有全（周全），他們的慢是有效的慢，他們的慢是智慧的慢。一旦熬過了最初的慢，後面的工作就會進入快車道，而且是非常安全的快車道。

06 效率：專注於關鍵，成就高效生活

職場金句：

　　知道不等於做到，做了不等於做好，做了是 0 分，做好才是 100 分。

―― 華為狼性理念

法蘭西斯科‧西里洛：分割你的時間

> 時間是個常數，但也是個變數。
>
> —— 字嚴

看過 NBA 籃球賽的人大概都知道，一場比賽總共 48 分鐘，被分割為 4 個小節，每個小節 12 分鐘。為什麼要這樣分割比賽時間呢？具體原因我們無從追尋，但大概是考慮到運動員的體力，因為在高度對抗的比賽中，如果一口氣打 48 分鐘的比賽，運動員是吃不消的。即便堅持打完，比賽的品質也會大打折扣，觀眾也會不滿意。當把 48 分鐘切割成 4 小塊之後，運動員每打 12 分鐘就可以短暫地休息片刻，緩解一下體力，補充一些能量，為下一節比賽做準備。這不失為一個健康、高效的比賽模式。

其實在工作中，我們也應該追求類似的健康、高效工作模式。比如，把完整的工作時間切割開來，每工作一小段時間就休息片刻，這樣更有利於高效工作。在這方面，我們前面提到了一個著名的工作法——番茄工作法，它是 1992 年由法蘭西斯科‧西里洛創立的，下面詳細介紹一下此工作法。

番茄工作法的目的
1. 減輕時間焦慮；
2. 提升專注力；
3. 增強決策意識和決斷力；
4. 喚醒持久激勵；
5. 鞏固達成目標的決心；
6. 完善預估流程，精確地確保質與量

06　效率：專注於關鍵，成就高效生活

在運用番茄工作法時，你需要選一個待完成的任務，然後設定 25 分鐘時間，這叫做番茄時間。設定時間後，開始專注地工作，中途不允許做任何與該任務無關的事情，直到番茄時鐘響起，然後休息 5 分鐘。這樣一來，一個小時就被分割為兩個番茄時間（25 分鐘 +5 分鐘）。每隔 4 個番茄時間，可以多休息一下，比如 15 分鐘。

在運用番茄工作法時，以下幾點需要注意：

1. 每一個番茄時間都不能被打斷，否則就自動作廢

值得注意的是，在每一個番茄時間（25 分鐘）內，你都不可以被打斷。這代表著你不能在寫報告的時候滑臉書，也不可以去泡咖啡，或去洗手間。如果你正寫著報告，突然想到有封郵件沒有回覆，你可以馬上在本子上寫道「回郵件」，然後馬上回到計劃的工作中。

如果有同事打擾你，或者客戶打電話來，你可以禮貌地請求對方等待 20 分鐘。同時，在本子上做好記錄：「回電話。」當然，如果有突發事件降臨，比如上司給你安排一個臨時、緊急的任務，你不得不從番茄時間裡抽身出來，那麼很抱歉，這個番茄時間就白費了。你也不用太難過，可以當這個番茄時間從來沒有開始過。

建議：學會控制自己，工作時不要朝三暮四、不要三心二意，只有控制好了自己，才能抵禦外部的干擾，才能確保每一個番茄時間不被打斷。

2. 嚴格遵守番茄時間，哪怕提前完成工作

如果你在一個番茄時間內完成了一項工作，比如只用了 20 分鐘，就完成了一件待辦事項，這時你不必急著開始下一項工作，或去休息。你可以檢查和回顧一下這份工作，總結經驗，完善你的工作成果。

建議：工作離不開檢查、反思和回顧，養成這個習慣，可以幫你避免出現工作中的低階失誤。

3. 如果零碎事情較多，可專門安排一個番茄時間統一處理

如果你的零碎事情很多，可以把這些事情簡單記錄下來，安排一個番茄時間去處理。

4. 藉助網路軟體，更好地運用番茄工作法

為了更清楚知道什麼時候 25 分鐘到了，建議你下載一個時鐘軟體，它可以每隔 25 分鐘就提醒你休息，也可以每隔 5 分鐘再提醒你工作。當休息時間到了，你應該立刻停下手頭的工作，就像你試的時候時間到了，必須馬上停筆、交卷一樣。即使你覺得還有兩分鐘就可以完成工作，你最好也不要繼續工作。可以起身離開你的座位，倒一杯水，或去一趟洗手間，或和同事聊聊天。

5. 掌握好休息的尺度，適當地靈活應變

每 4 個番茄時間之後，你可以休息 15 分鐘，如果你覺得很疲勞，3 個番茄時間之後，你就可以休息一次，或者把每個番茄時間後的休息時間延長一點。整體而言，番茄工作法要求我們必須有分割時間和工作的意識，有了這個意識，並養成了依番茄時間工作和休息的習慣之後，你的工作效率自然會提升。

06 效率：專注於關鍵，成就高效生活

行動方案：

　　現在就開始行動，對明天要完成的工作，按照番茄工作法的要求，為它們設定相應的時間，並在腦海裡預演一下明天的工作情形，從中感受高效率的驚喜。

便箋工作法：1 張紙歸納所有工作

> 簡單再簡單的方法就是削減功能。
>
> ——《簡單法則》作者前田約翰

在辦公室裡朝九晚五上班的職場人士當中，有不少人經常忘記自己的工作計畫和工作重點，經常是做著手頭上的工作，想著下面要做的工作，可又被突然冒出來的工作打斷了正做著的工作。接著，幾項工作交織在一起，想做這項工作，又惦記著那項工作。到了下午，甚至想不起來還有什麼工作未完成。等到上司催促時，才突然靈光一閃地想起來。

為什麼這麼健忘呢？是真的太忙碌，還是工作太多、太雜、太混亂？你是不是該想辦法改變這種狀況，提升自己的工作效率呢？很多人都是這麼想的，但苦於不知從何著手。其實，改變的方法很簡單，一張張小小的便利貼就能帶你走出混亂的漩渦。

便利貼，很多職場人士都有，但他們未必真的會去用。很多人在接電話，需要記錄號碼、數字時，才會想到撕一張便利貼，一邊講電話，一邊拿筆寫寫記記。便利貼的作用僅限於此嗎？當然不是，它還可以成為你排列工作次序，提醒你下一步該做什麼的幫手。

下面是職場老員工吳先生的工作便利貼，他表示有了這些工作便利貼之後，他的工作發生了巨大的變化。他開始熱愛自己的工作，開始覺得工作是一種享受。

06 效率：專注於關鍵，成就高效生活

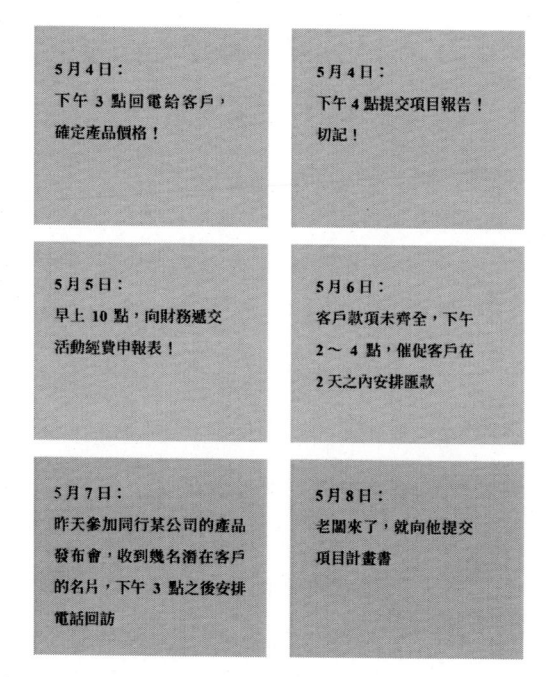

> 5月4日：
> 下午3點回電給客戶，
> 確定產品價格！

> 5月4日：
> 下午4點提交項目報告！
> 切記！

> 5月5日：
> 早上10點，向財務遞交
> 活動經費申報表！

> 5月6日：
> 客戶款項未齊全，下午
> 2～4點，催促客戶在
> 2天之內安排匯款

> 5月7日：
> 昨天參加同行某公司的產品
> 發布會，收到幾名潛在客戶
> 的名片，下午3點之後安排
> 電話回訪

> 5月8日：
> 老闆來了，就向他提交
> 項目計畫書

　　看看這些便利貼中的待辦事項，是不是感覺一目了然呢？便利貼發揮的作用很簡單——提醒、提示，同時可以幫你更妥善地安排工作。吳先生表示，便利貼可以發揮提醒自己注意工作細節的作用。比如，客戶打電話向你詢問產品報價，而你一時間無法確定。這個時候，很多人會說「等我確認後再回電給你」。放下電話之後，他們就把這事忘了，什麼時候記起來，就什麼時候再回覆客戶。可到那時，客戶也許早已對你失去了耐心。

　　吳先生是怎麼做的呢？他說每當自己接到類似的電話，無法立即回覆對方時，他都會給客戶一個大致的回覆時間，然後將該事和待辦時間記在便利貼上，再把便利貼貼在電腦旁邊的隔板上。就像上面的便利貼裡所記，到了對應時間，立即回覆客戶。這種說到做到的表現，往往會令客戶很滿意，很多時候客戶就因為他的這個細心舉動而選擇與他簽約。

便箋工作法：1張紙歸納所有工作

事實上，小小便利貼的用處遠不止於此。它還可以幫你樹立好合作的形象，比如當同事找你幫忙，向你交代一些工作時，你立刻拿出便利貼記錄下來，然後貼在隔板上，這就表明你已經把同事的交代列入了待辦事項中，表明你重視同事交代的事情，這會讓同事感到高興。

小小便利貼還可以幫你打造職場大忙人的形象。當你的老闆或上司看見你把待辦事項都記在便利貼上並貼到隔板上時，他們自然會對你感到放心，他們會覺得你每天上班都在踏實地工作。而當他們走到你的辦公桌旁，準備向你交代工作時，看見你那麼忙，往往也會心生仁慈之心，把打算交付的工作嚥回去。

同樣地，小小便利貼還能發揮委婉地拒絕同事的作用。當喜歡閒聊的同事找你時，你可以指一指排滿日程的便利貼，同事自然領會你的意思；當同事找你幫忙時，你也可以指一指便利貼，讓他知道你現在很忙，無法抽出時間幫忙，這樣同事往往會主動收回不情之請。

便利貼的作用這麼多，在運用便箋工作法時，你需要注意什麼？下面幾點值得參考：

1. 一張便利貼只寫一件事情

便利貼就那麼一點，容不下你寫太多的文字。因此，精簡是要領。否則，你乾脆把待辦事項滿滿地寫在筆記本上好了，何必用便利貼記事呢？

2. 便利貼上的字要寫大一些

便利貼上的字多大才合適呢？其實沒有標準，一般來說，要確保你坐在電腦前面，不用特別留意就能看清。為了能夠讓自己注意到便

利貼，你可以選擇用彩色筆寫便利貼，偶爾畫一些小圖形，便於提醒自己。

3. 用不同顏色的便利貼加以區分

市場上有些便利貼由各種不同的顏色組成，而且非常規律地裝訂。因此，你可以根據各項待辦事件的輕重緩急，選擇慣用的顏色作為標記。比如，用最紅的便利貼記錄最緊急且重要的工作，用最綠的便利貼記錄最不重要的工作。這樣一看便利貼，你就知道哪些工作該最先處理了。

4. 寫好便利貼後，立即貼起來

為什麼要貼起來呢？理由很簡單，因為便利貼是一張小紙片，如果隨意放在桌面，一不小心就可能掉到地上，這樣它就失去了提醒作用。因此，最好將寫好的便利貼貼在辦公桌之間的擋板上，而且最好整齊有序地張貼，這樣變會一目了然。

5. 處理完工作要立即撕下相應的便利貼

當你完成一張便利貼上所記的工作後，將其撕下來，你會有一種成就感和輕鬆感。因為你能直觀地看到你的工作少了一件，離完成所有工作更進一步了。

行動方案：

趕緊去買一本小便利貼，明天就開始使用便箋工作法。

送信人：掌握彙報的技巧

> 哈伯德中尉，別只帶著問題給我，我要的是解決方案。
>
> ——《把信送給加西亞》

在工作中，上司交代一件事請你辦，你是否有即時彙報的習慣？是不是要等到上司問你事情進展得怎麼樣了你才告訴他？如果每個員工的工作情況都要上司來問，那麼上司每天不用做別的事，逐個問下屬工作進展情況，一天時間就被耽誤完了。一個專業稱職的職場人應該養成主動彙報的習慣，並掌握正確的彙報技巧。

主動向上司彙報有兩個目的：一是讓上司放心。因為上司把工作交給你，並不知道你做了沒有，所以工作進展到每個階段，就向上司彙報一下，讓上司知道工作進展到什麼程度，上司會很放心。二是萬一有問題，可以即時修正。有時候你在執行工作時，可能做得與上司期待的不一樣，或你誤解了上司的意圖，透過積極彙報可以即時修正過來，從而得以保證執行的效果。

身為一名員工，你有多少次主動向上司彙報了你的工作進度？可以說，很多人在這件事上做得遠遠不夠，正如管理上的一句名言所言：「下屬對我們的報告永遠少於我們的期望。」可見，上司都希望下屬向自己彙報更多的情況。因此，如果你能早一天養成這個習慣，上司一定會更喜歡你、更賞識你。

有時候，你不僅要主動向上司彙報，還有必要向你的客戶彙報，這

06 效率：專注於關鍵，成就高效生活

表現出來的是你積極負責的工作態度，會讓你贏得客戶的好感，繼而讓你的公司贏得客戶的好感。

有個客戶打電話過來找公司的李總，當時李總不在，接電話的是李總的祕書趙女士。趙女士告訴客戶：「對不起，李總這會兒不在辦公室，您如果方便，請留下電話，等他回來我請他回電給您，您看如何？」於是對方留下了電話。

不巧的是，那天李總一整天都沒來公司，到了快下班時，趙女士回電給客戶：「尊敬的客戶先生，李總到現在還沒有回來，我們快要下班了，如果您有急事要和他說，我會盡快找到他，請他晚上回電給您；如果事情不是很緊急，就等到明天上班時再轉告他，您看如何？」

客戶說：「我有急事找李總，無論如何妳都要幫我找到他，請他打個電話給我。」

結果，那天晚上趙女士花了一些時間找到了李總，晚上 7 點李總打了電話給客戶。

後來，客戶把這件事告訴李總，李總對趙女士有了很好的印象。那位客戶也對趙女士充滿了好感，非常信賴李總的公司。

僅僅是一次小小的彙報，就能為客戶留下很好的印象。這是因為彙報表達的是一種重視、是一種在乎，會讓對方感到自己很重要。作為一名員工，你不僅要有很強的執行力，還應該養成積極彙報的習慣，做一個讓上司放心的下屬。

一般來說，需要向上司彙報的有這幾種情況：

> 送信人：掌握彙報的技巧

1. 完成工作計畫後

當你接到上司的工作安排後，即時擬定計畫，然後向上司彙報一下，讓上司了解你的計畫內容，或讓上司提出合理化的建議或意見。上司可以從大局出發，審時度勢，幫你指出計畫的問題所在，確保計畫的可行性，確保工作順利完成。

2. 工作進行到一定程度時

當一項工作進行到一定程度時，主動向上司彙報情況，便於上司了解工作進展、所遇到的難題或所取得的成果，這樣上司才會心中有數，以便即時給予指導和幫助。如果非要等到工作結束時才彙報，假如工作進展順利，準確執行還好。萬一執行出現偏差，到那時想採取補救措施都來不及。因此，一定要在工作進行期間，分階段地彙報情況。

3. 需要做出超許可權的決定時

這一點非常重要，作為下屬，凡是超出自己許可權的決定，都應該請示上司。一方面是尊重上司的權威，另一方面是為了避免承擔不必要的責任。有些人會想當然地猜測上司的意圖，覺得應該沒有問題，或根據以往經驗覺得沒有問題，於是私自做超出許可權的決定。這樣可能會讓自己陷入麻煩之中。比如，財務方面、人事方面的事情，千萬不要擅自做主，而要向上司請示，請上司定奪。

4. 工作出現不良狀況時

「報喜不報憂」，這是很多職場人士的通病，特別是當「憂」是自己造成的時候，更會有意識地藏著掖著，生怕上司知道。

他們認為自己可以擺平，沒必要讓上司知道。可事實上，如果真的能擺平那是好事，如果沒能擺平導致問題惡化，後果就嚴重了。要知道，上司畢竟比下屬見多識廣，經歷的事情也比下屬多，遇到不良狀況時，他們更有處理的經驗。因此，碰到不良情況時千萬別隱瞞，而應該即時向上司彙報，在上司的指導下克服困難，以免問題變得更嚴重。這種坦誠彙報、積極承擔的勇氣，反而容易贏得上司的賞識。

5. 一項工作完成後

當一項工作結束之後，千萬別默不作聲，而要向上司彙報這項工作的整體情況，讓上司查看你工作完成的情況，看是否有問題存在、是否有需要改進的地方，以及如何改進，或看上司是否還有要交代其他工作等。

職場忠告：

（1）彙報一定要有重點

很多人在向上司彙報工作時，總擔心彙報的資訊不夠多，害怕上司萬一問起來，自己答不上來。於是，彙報時他們滔滔不絕地講，面面俱到、毫無重點，讓上司聽後一頭霧水，還會嚴重耽誤上司的時間。顯然，這種彙報是不專業的。

其實，你完全不必擔心彙報得太少會讓上司對你不滿意，因為彙報主要是為了讓上司了解情況，所以一定要內容精簡、切中要害，只有一語中的，才有助於上司更能了解情況、更有效地指導工作。

（2）帶著方案去彙報

《把信送給加西亞》一書的作者阿爾伯特・哈伯德，曾談到自己服兵役時的一段經歷：

> 送信人：掌握彙報的技巧

當時哈伯德只有24歲，在駐巴拿馬共和國美國南方司令部司令約翰・高爾文將軍手下當助理。有一次，高爾文將軍派他去完成一項任務。幾天後，他抱著一大堆問題來找高爾文，把與工作相關的問題問了個遍。高爾文將軍沒等他說完，就厲聲吼道：「如果你想讓我替你做工作，我要你做什麼？你被撤職了，解散！」

就在哈伯德不知所措時，高爾文對他說：「哈伯德中尉，別只帶著問題給我，我要的是解決方案。」哈伯德這才如夢方醒。

高爾文將軍的話對職場人士也是一次深刻的教育：別只帶著問題彙報，你應該有自己的想法，有自己的方案。哪怕你的方案不切實際，對解決實際問題無益，起碼你應該有方案，這至少表明你思考過問題。這是你應該有的工作態度。

一般來說，當你向上司彙報工作，尤其是彙報工作中的問題時，你最好有三種解決方案：最可行的方案＋最大膽的方案＋最可能失敗的方案，而且最好能對每個方案進行利弊分析。這樣在你彙報時，就可以徵求上司的意見，也能讓上司看到你的聰明才智。

06　效率：專注於關鍵，成就高效生活

陶行知：人力勝天工，只在每事問

> 發明千千萬，起點是一問。禽獸不如人，過在不會問。智者問得巧，愚者問得笨。人力勝天工，只在每事問。
>
> ——教育家陶行知

當上司或同事委託給你一項工作時，當你發現工作中有不太正常的現象時，當工作出現不良狀況時，你是否有提問的習慣呢？提問可以了解別人的想法，更容易理解別人的意圖。提問還可以獲得更多的客觀資訊，更能促使你去積極思考，尋找解決問題的答案。

舉個很簡單的例子，如果上司讓你去買一本筆記本，你應該馬上問：「是買那種純白紙的筆記本，還是買有橫格的筆記本？」

如果上司說：「隨便，兩種筆記本都可以。」

你可以繼續問：「買多厚的筆記本，是100頁左右的，還是50頁左右的？」

上司可能說：「買個100頁左右的，厚一點的比較好。」

你可以繼續問：「是要硬殼的，還是皮面的？」

上司可能說：「皮面的吧！」

當你把該問的問題都問了，了解了對方的想法時，再按照對方的想法去做，那麼對方就沒辦法挑你的毛病。否則，當你買了空白筆記本，對方卻說：「怎麼買這個筆記本，我想要有橫格的筆記本。」當你買了50頁的筆記本，對方卻說：「太薄了，怎麼不買厚一點的？」當你買了硬殼

> 陶行知：人力勝天工，只在每事問

的筆記本，對方卻說：「怎麼不買皮面的，這個太沒等級了。」這時你可能覺得委屈，覺得對方事先沒講清楚，而事實上不是對方不講，是你沒有問。所以，事先問清楚，對執行工作來說有其必要性。

身為職場人士，愛提問是一種優秀的習慣。只要你的提問不是無厘頭，就不會讓人覺得莫名其妙；只要你的提問與具體工作有關，那麼你的提問就會為你帶來幫助。有些問題看似很傻、很笨，讓人覺得不好意思問出來，於是很多人自以為地揣測別人的意圖，這樣就很容易造成誤解，還會影響執行。

有一次，美國知名主持人林克萊特訪問一名小朋友，問他長大後想做什麼。小朋友天真地說：「我想當飛行員！」林克萊特又問：「如果有一天，你的飛機飛到太平洋上空，所有引擎都熄火了，你怎麼辦呢？」小朋友稍微思考了一下，說：「我會先讓乘客們繫好安全帶，然後我穿著降落傘，先跳出去。」

現場觀眾聽到這裡，一個個都笑得東倒西歪，再看看小男孩，他已經哭得稀里嘩啦了。林克萊特注視著孩子，耐心地問他：「為什麼你要先跳出來呢？」小朋友回答說：「我要去拿燃料，我還要回來，我還要回來。」

「為什麼你要先跳出去呢？」很多人也許覺得問這個問題太傻了：這不明擺著嗎？小男孩想逃跑！這正是現場觀眾捧腹大笑的原因，他們想當然地認為自己理解小男孩的話，揣測出小男孩的意圖，而事實上小男孩並非這麼想，林克萊特的提問很好地揭示了小男孩的真實想法。同樣地，在工作中類似的情況也時常發生。「我以為……」這是很多人在誤解了他人意思，並錯誤地執行了上司的指令後的解釋。可問題是，你以為的就是對的嗎？

06 效率：專注於關鍵，成就高效生活

很多時候，你以為的並非對的。為了避免理解錯誤，為了避免被假象迷惑，最好的辦法就是多問，哪怕你的提問聽起來很傻、很笨。

在一次管理會議上，大家都在討論解僱某位員工，只有一位管理者問了一句：「在這名員工表現不理想期間，有人指出他的問題嗎？有人提醒過他改進嗎？」大家都說：「沒有人提醒過他，也沒有人指出他的問題。」

後來，那位員工的上司和他談話，指出了他工作中的不足，明確規定了他每個月的工作量，並告訴他如果完成不了這個工作量，會有怎樣的後果。結果這名員工表現得非常不錯，就這樣迴避了辭退一名員工。

其實，世界上並不存在真正的笨問題，有些問題即便聽起來很愚蠢，也可能只是因為在你之前，從來沒有人這樣問過。如果你去問了，並且讓事情因為這個問題而向好的方向發展，那麼你就很容易贏得上司的賞識，贏得同事的信賴。

1. 先提出有效的問題，而不是自己絞盡腦汁

很多時候，要想有效地解決問題，首先要提出有效的問題，因為問題是索引，是指引你找到答案的良師益友。古今中外，任何科學探索活動開始之前，探索者都會提出一系列的問題，並根據問題先想方法，再去行動。同樣，在工作中，我們也應該堅持這個原則。

約翰遜維利食品公司的老闆經常抱怨公司的產品利潤太低了，雖絞盡腦汁思考提高利潤的辦法，但一直沒有什麼成效。這天，祕書伊萊恩問老闆：「為什麼我們不對顧客直銷我們的產品呢？」

「什麼意思？」老闆問她。「就是繞過中間商，直接開專賣店銷售我們的產品。」伊萊恩說。

老闆說：「妳的提問很有意義，我需要認真考慮一下。」不久後，伊萊恩成為公司第一家專賣店的店長，負責一間價值數百萬美元食品店的銷售和管理工作。

有時候，一個簡單的提問，就可以讓困擾我們很久的問題迎刃而解。因為有了問題，就容易找到答案，最怕的是無法提出建設性的問題，卻絞盡腦汁思考解決問題的方法，就像不知道目標卻努力奔跑一樣，一切都是徒勞。

2. 對於每個問題，提出幾種可能的解決方案

在企業團隊中，我們應該積極地提問，針對問題思考解決的方法，並彼此交換意見，這樣可以逐漸對問題的答案和策略措施形成一致看法，有助於找到解決問題的有效策略。

有家顧問公司曾為一家公司提供諮商服務，以幫助他們解決員工停車位供不應求的問題。員工們希望公司出資建一個新的停車場，這代表著需投入幾十萬美元，對公司來說是一項大投資。而管理層以資金不足為藉口，遲遲不願意行動，卻又找不出好的解決辦法。

後來，這個顧問團隊提出了一個再普通不過的問題：有其他辦法來解決停車問題嗎？順著這個問題，顧問公司找到了解決方案。

（1）如果工作允許，可以讓員工在家遠端辦公。

（2）採取分流措施，讓公司有車一族分為兩組，一組今天開車上班，另一組明天開車上班，如此輪下去。

（3）鼓勵員工共乘，公司補貼相應的油資。

（4）開通公司交通車。

（5）鼓勵遠距離停車。

就這樣，停車場的難題被輕鬆解決了。

事實上，解決停車場的問題並不難，只要轉換思路，提出一道問題，找到思考的方向，解決方案自然就會揭曉。在工作中，你不妨積極地提問，並針對你的提問提出幾種可行的方案，積極為解決公司的問題獻計獻策。

三聯商社：保持主動參與的熱情

> 任何老闆都想要找到這樣的人，一個能自動承擔起責任和自願去幫助別人的人，即使沒有任何人告訴過他要對某件事負責或者一定要去幫助別人。
>
> ——三聯商社莫什・梅羅拉

職場裡有這樣一種人，他們秉承著「事不關己，高高掛起」的處世哲學，對待本職工作是能應付則應付，對待額外工作更是毫無熱情。一項工作如果上司沒有叫他們做，他們絕對不會主動去做。他們並不缺少聰明才智，缺的是主動參與的熱情。

某公司有位員工明明極為聰明，但有好點子就是不向上司提。開會的時候，他從來不主動發言，可是會議結束後，他私下和同事閒聊時，對會議上的主題內容評頭論足，好點子不斷。一位同事曾跟他說：「你這麼有想法、這麼有創意，開會的時候怎麼不發言呢？」他說：「關我什麼事？我為什麼要替別人操心？」

公司的每一項成就都是大家創造的，在團隊中哪有與自己無關的事情呢？可偏偏這種人就是這麼想的，這種消極對待工作的態度往往會使他們變得平庸，得不到上司和老闆的重視，事業很難取得突破。這時，他們往往還會抱怨老闆偏心，而不是反省自己，改變自己不良的工作態度。

其實，絕大多數老闆都是明察秋毫的，員工的工作態度怎麼樣、工作能力怎麼樣，他們心裡都有數。相比於有才華卻不積極貢獻才華的人，老闆更喜歡能力差一點，但工作態度積極，永遠保持主動參與

06　效率：專注於關鍵，成就高效生活

熱情的員工。

所以，在職場中千萬不要把付出與收穫算得太清楚。如果你覺得領多少薪水，就應該做多少事情，那麼你永遠只能領那麼多薪水。只有當你積極付出，做得永遠超出老闆的期望時，你才有可能步步高升、鴻圖大展。

在職場上博弈，切記不要與老闆算得太清楚，不要領多少薪水才肯做多少事。如果能放棄「事不關己，高高掛起」的想法，每天主動承擔一些不屬於你的責任、初衷也不是為了獲取報酬，最終的回報一定會比你想像的要多。而這才是實實在在的高情商與真聰明。

米莉‧羅德里格斯是美國愛斯普里特公司的一名員工，她曾主動提出一個想法：從海外貨物儲備到預付款的運輸專案，在所有的服務和市場行銷方面，都應該使用後勤學原理。在老闆肯定了她的想法之後，她開始主動落實這一想法。雖然這直接增加了她的工作壓力，但她還是堅持去做，並且很好地落實了這一想法。結果，她在老闆心目中的地位馬上提升。不久後，她成了位於舊金山分公司的運輸主管。

在職場中，有能力做好工作是遠遠不夠的，除了能做好以外，你還應該有做好的意願，並保持自動自發的積極性。自動自發是一種特別的行動氣質，也就是說，你知道做有價值的事，不用別人去催，更不用別人督促，你就能保持主動去做的熱情，這種熱情會使你的職場之路越走越寬。不管那是不是你的責任，只要它關乎公司利益，就應該毫不遲疑地加以維護。若你還想得到升遷，那麼公司中的任何一件事都應是你的責任。若你要令老闆相信你是可堪重用之才，最快速有效的方法，就是尋找並抓牢促進公司利益的機會，即使是那些原本與你無關的責任，你也要這麼做。

三聯商社：保持主動參與的熱情

1. 大膽諫言，產生影響力

相信每個職場人士都開過「漫無邊際」、「氣氛沉悶」的會議，會議上只有上司在發言，其他人都不吭聲。即使有些人想發言，也因為各種顧慮不開口。有些人還會在心裡抱怨：「這會議與我有什麼關係，為什麼讓我坐在這裡，真是浪費時間，還是趕緊散了吧！」大家就像坐在教室裡聽課的學生，都認為這裡不是自己發言的地方。殊不知，這種想法多麼荒謬！

彭明十分討厭參加會議不發言的人，她很想帶動大家積極發言。一次開會時，她發現會議主題似曾相識，便說：「這個問題我們之前是不是好像有討論過？那麼我們現在應該進行表決，然後進入下一項議程。」此話一出口，馬上贏得了大家的迴響，接著彭明對大家說：「希望大家積極發言，發現問題就提出來，這樣會議氣氛才能熱烈起來，才能提升會議效率。」彭明的舉動贏得了上司的欣賞，上司當場號召大家向彭明學習。

如果你參加會議，請做一個積極建言者，有什麼想法、建議就大膽地說出來，而不要坐在那裡等待別人發言，等待別人來了解你的想法。畢竟大家都是企業的一員，應該樹立強烈的主角意識，自告奮勇地發言，而不是像賓客一樣等別人請你發言。

2. 自願承擔難度較高的工作

身為企業員工，應該主動分擔擺在自己眼前的工作、專案或額外的任務。當團隊出現某些問題時，你應主動伸出手，盡自己所能尋找解決的辦法。這是你勇敢接受工作挑戰的機會，是一個不可多得的增長見識、提升工作能力的機會。

06 效率：專注於關鍵，成就高效生活

比如，客戶經常提出刁鑽的要求，這時你大可不必搬出公司的相關規定一口回絕客戶，並認為這是自己沒有權力決定的事情，而應該積極與客戶溝通，真心實意地為客戶排憂解難。如果你能仔細聆聽客戶的要求，了解客戶的想法，深入地分析客戶的情況，並提出妥當的解決方案，你就可以幫助公司長久地留住客戶。更重要的是，客戶也會因為你的熱情服務和真心為他著想，而對你產生好印象，從而自發地宣傳你們公司。

3. 當老闆不在時同樣賣力

很多職場人士認為，工作就是替老闆做事。老闆在的時候，他們裝模作樣，表現得尚且可以；老闆不在時，他們就開始放鬆自己，開始打混摸魚，能少做一點就少做一點。這一點在那些不按業績計算薪酬的部門和員工身上表現得尤為明顯。這種工作態度極不可取，聰明的員工絕不會這麼做。

莎倫·萊希曾經是美國三聯商社的經理助理，她的工作職責是系統性地協助經理執行日常工作。在做助理期間，莎倫充滿了主動參與的熱情，尤其是在經理不在的時候，她會積極地擔負起公司日常管理的重任，負責公司全面的營運。按理說，這並非她的本職工作，但是她做得非常認真，就好像在做自己的本職工作一樣盡職盡責。

三聯商社的老闆莫什·梅羅拉十分賞識莎倫·萊希，他說：「任何老闆都想要找到這樣的人，一個能自動承擔起責任和自願去幫助別人的人，即使沒有任何人告訴過她要對某件事負責或者一定要去幫助別人。」由於莎倫表現出眾，她不斷被公司提拔，最後她坐上了公司副總裁的位置。

三聯商社：保持主動參與的熱情

　　當老闆、上司或同事不在時，如果你能更加賣力地工作，而且主動分擔額外的、屬於他們的那部分工作，以嚴格的要求來表現自己，而不是等著老闆、上司來要求你，那麼你肯定會贏得老闆、上司的賞識，贏得同事的好感和信賴。這樣你不僅可以贏得良好的職場人緣，更重要的是，你可以獲得更多被重用和升遷的機會。所以，不要認為多做一些會吃虧，而要記住：你的付出與收穫是成正比的，今天你的額外付出，會在未來加倍回饋你。

職場忠告：

　　人生是一個永不止息的工廠，那裡沒有懶人的位置。工作吧！創造吧！

—— 法國作家羅曼・羅蘭

06 效率：專注於關鍵，成就高效生活

日本大師：傳達「空雨傘」的邏輯

> 空＝環境，就是不會改變的事實狀況。
> 雨＝我們對「空」所做出的觀察，也就是環境的狀況，或可能面臨的變化。
> 傘＝因「雨」而做出的決策，也就是解決「雨」的方法，事件最後的結果。
>
> ——「空雨傘」的邏輯

詹先生的電腦運行得非常慢，每打開一個檔案或網頁，都需要漫長的等待。重灌系統之後，他重新安裝了國內另一款知名防毒軟體，結果電腦執行的速度快了很多。但是沒過多久，電腦又慢得出奇。他認為是新裝的防毒軟體影響了電腦運行的速度，因為電腦的右下角經常出現防毒軟體的提示。於是，他將防毒軟體解除安裝，又換了一款防毒軟體。這一次電腦執行速度快了很多。

試想一下，如果詹先生不認為自己的電腦運行速度慢，那麼他就不會產生解決「電腦運行慢」的行為 —— 不會重灌系統，不會更換防毒軟體。那麼，他至今可能還在電腦前做漫長的等待，以挑戰自己的耐心。

如果詹先生不認為電腦慢是防毒軟體造成的，他就不會在安裝了一款新的防毒軟體之後，再次更換防毒軟體。那麼，他至今可能還在忍受電腦慢的煎熬，或覺得電腦慢是電腦本身的硬體問題，乾脆放任不管。

詹先生的行為在邏輯學上，被稱為傳達空雨傘的邏輯。什麼叫傳達空雨傘的邏輯呢？指的是看著天空，估計天氣狀況，然後決定出門是否

帶雨傘。雖然這是一件生活小事，卻揭示了一個解決問題的規律：

(1) 發現問題，確認問題出現的根本原因。

(2) 深度挖掘問題，找出解決的策略。

(3) 處理問題，落實到行動上。

這是解決問題的常見規律，或者說是解決問題的流程，在我們的生活中、企業經營中，以及文案企畫中，經常被人們運用。以文案企畫為例，企劃者在企劃之前，肯定要思考：

(1) 發現消費者的「痛點」——需求，了解消費者對自己的產品有怎樣的心理需求。

(2) 深度挖掘產品自身的優勢，確定文案企畫的主題、核心想法及想要達到的宣傳目標。

(3) 動手企劃宣傳文案，製作廣告宣傳頁面或影視動畫，宣傳自己的產品。

全球最大的家具家居集團——瑞典宜家家居IKEA，在發展的過程中，就堅持使用空雨傘的邏輯。首先，面對如今電商的強大衝擊，IKEA表現得毫不畏懼，因為他們發現了消費者的需求——消費體驗。

其次，IKEA的產品是自有品牌，從原料到銷售終端一條龍，大大降低了生產成本，這使得他們的產品在價格優勢上不輸電商。相比之下，大部分家具零售企業，特別是以代銷供應商商品為主的大賣場，由於缺乏自主品牌，經營成本居高不下，這使得他們在面對電商的衝擊時毫無抵抗之力。

IKEA每年大概會推出3千多款新式產品，消費者每次逛IKEA的大賣場時都會有新的發現。在高度體驗之下，消費者「衝動性購買」占了

06　效率：專注於關鍵，成就高效生活

IKEA 營業額相當大的比例。比如，IKEA 透過調查發現，人們早晨起床之後比較匆忙，從起床到出門 93% 的人平均耗時在 1 個小時之內。針對這一生活習慣，IKEA 推出一款新式衣櫃：衣櫃外側可以掛衣架等配件。消費者可以在前一天晚上，將第二天要穿的衣服掛出來，第二天起床時順手拿起來就穿，以節省早上的時間。這款新式衣櫃推出之後，很多消費者在 IKEA 體驗了它的便利性後，紛紛購買回家。儘管其中有不少人是衝動之下購買的，但這也足以說明 IKEA 在行銷企劃上的成功。這就是充分運用空雨傘的邏輯，深入研究客戶的需求，透過發現問題、分析問題、解決問題這樣的思考流程，最終達到行銷的目的。

對於想細緻了解空雨傘邏輯的人來說，「高杉法」無疑是最好的注釋。高杉法認為，所謂問題，本質上就是一個人所期望的狀況與現實之間存在的差距。對於這種差距，高杉法將其分為 3 種不良狀態。如下圖所示：

恢復原狀型問題	當前的問題已經顯現出來，只要恢復原狀，就可以把問題解決！
預防隱患型問題	當前的問題不大，但是未來可能會出現問題，因此要想辦法避免問題在未來某天發生
追求理想型問題	想辦法突破當前的狀態，讓事物向更完美的狀態發展

下面以文案企畫為例，介紹針對各種不同類型的問題，如何具體分析其解決方法，並透過圖表展現出來：

1. 恢復原狀型問題

當前的不良狀態非常明顯，與之對應的解決策略就是恢復原狀，把問題還原到原來的狀態，以填平鴻溝、解決問題。比如，將損壞的家具修理好、治好感冒等，都屬於恢復原狀型的問題。

針對恢復原狀型問題，解決的關鍵是掌握狀況：弄清楚到底是怎麼損壞的。例如，在文案企畫中，你要思考為什麼自己的產品知名度不高，產品不受歡迎，銷量上不去。

應急處理措施是：思考如何防止狀況惡化。例如，在文案企畫中，你要思考如何防止銷量持續走低。

根本措施是：知道損壞的原因後，思考如何才能復原。例如，在文案企畫中，你發現了產品銷量無法提升的原因之後，要思考用什麼辦法才能讓銷量升上去。

防止復發的措施是：思考應該怎麼做，以後才不會出現損壞。例如，在文案企畫中，你要思考怎樣做以後產品的銷量才不會出現下跌。

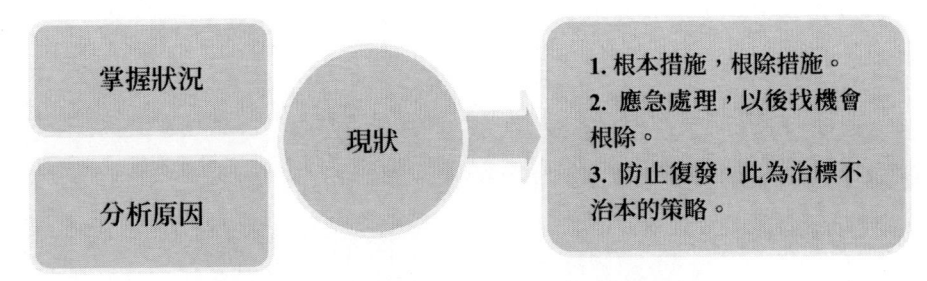

```
┌─────────┐
│ 掌握狀況 │ ┐        ┌─────────────────┐
└─────────┘ │ ┌───┐   │ 1. 根本措施，根除措施。│
            ├→│現狀│──→│ 2. 應急處理，以後找機會│
┌─────────┐ │ └───┘   │    根除。              │
│ 分析原因 │ ┘        │ 3. 防止復發，此為治標不│
└─────────┘          │    治本的策略。        │
                     └─────────────────┘
```

圖注：針對問題的現狀分析原因、找出解決方法，
如果可以的話，應該採取根除措施，從根本上解決問題。
但是在某些緊急情況下，應該先採取應急措施，
防止狀況繼續惡化，為下一步根除問題爭取時間。

2. 預防隱患型問題

當你看到天空快要下雨時，為了不被雨淋溼，你決定帶雨傘出門旅行。這是預防策略。你怕萬一被雨淋溼了沒有衣服換，於是，你出門時多帶了一套替換衣物，這是發生時的應對措施。由於很難萬無一失地預防不良狀態發生（下雨不被淋溼），所以出遠門時有必要帶一套替換衣物。這樣可以將被雨淋溼的損害降到最低，甚至可以做到萬無一失。

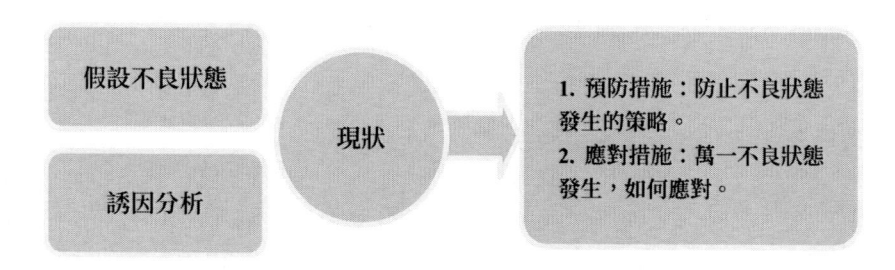

假設不良狀態　→　現狀　→　1. 預防措施：防止不良狀態發生的策略。
誘因分析　　　　　　　　　2. 應對措施：萬一不良狀態發生，如何應對。

解決預防隱患型問題時，關鍵就在於分析誘因和找出預防策略。

假設不良狀態：不希望事物以什麼方式損壞。例如，在文案企畫中，你不希望自己的產品知名度、美譽度下降。

誘因分析：哪些原因可能導致事物損壞？例如，在文案企畫中，你要分析哪些因素會導致你的產品知名度、美譽度下降。

預防策略：怎樣才能防止不良狀態發生？例如，在文案企畫中，你要思考怎樣做才能維持產品的知名度和美譽度。

如果不良狀態發生，應對策略是：怎樣才能盡量將不良狀態導致的損害控制到最低？例如，在文案企畫中，你要思考怎樣才能讓產品知名度不足、美譽度不高的損害降到最低。

值得注意的是，不能把預防策略和發生時的策略混為一談。

3. 追求理想型問題

　　所謂追求理想，指的是某事物未來雖不會發展成不良狀態，但我們仍然希望改善現狀，讓它變成我們期望的那種狀態。例如，你現在沒有生病，但希望自己更健康。現在公司的產品銷量挺可觀，但你希望銷量更上一層樓。

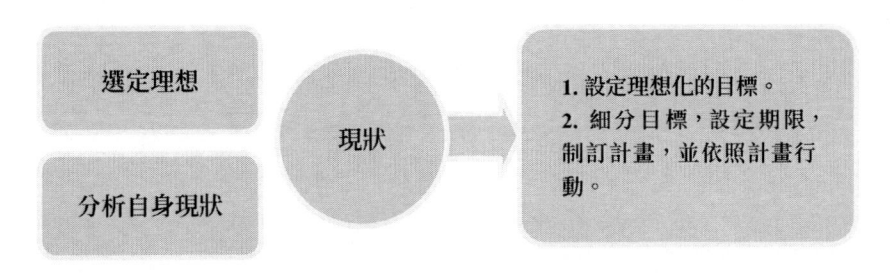

```
┌──────────┐
│ 選定理想 │ ──┐      ┌─────┐      ┌─────────────────────┐
└──────────┘   │      │     │      │ 1. 設定理想化的目標。│
               ├─────▶│現狀 │─────▶│ 2. 細分目標，設定期限，│
┌──────────┐   │      │     │      │   制訂計畫，並依照計畫│
│分析自身現狀│──┘      └─────┘      │   行動。             │
└──────────┘                        └─────────────────────┘
```

　　解決追求理想型問題時，關鍵在於選定理想和思考實施策略。

　　選定理想：根據自己的實力，設定自己的目標。放在文案企畫中，就是根據公司和產品的實力，設定行銷目標。

　　思考實施策略：細分目標，設定期限，分步驟進行。放在文案企畫中，就是根據公司和產品所處的不同階段，設定階段性的行銷目標，並制定計畫執行。

06　效率：專注於關鍵，成就高效生活

07
人際關係：
細微處見真章的人脈經營術

　　職場人際關係是工作順利進行的基礎，會直接影響一個人的事業進步與發展。

07　人際關係：細微處見真章的人脈經營術

職場必備：早晨，精神百倍地問候他人

> 如果我們想交朋友，就要先為別人做些事——那些需要花時間、體力、體貼、奉獻才能做到的事。
>
> ——成功學大師卡內基

問候，即寒暄，就是我們常說的見面打招呼。和別人愉快地打招呼，是提升生活樂趣的一種禮儀形式。「早安」，這是我們最常聽見的問候語。在一天工作開始的早晨，大家從四面八方匯聚到公司，見面時一聲熱情、禮貌的問候，無疑會為一天的工作增添好心情。

說到見面問候，也許有人會說：「這是小學生都知道的事，也是小學生都會做的事，有必要拿出來講嗎？」話雖如此，但有多少人每天都問候別人呢？即便問候了，又是怎樣問候的呢？會不會讓人覺得不舒服，或者說不能帶給別人正能量和愉快感？

對待早晨問候這件事，幾種態度或做法不佳的常見情況如下：

（1）不把早晨問候當回事，認為公司裡的同事每天都見面，大家已經很熟悉了，沒必要相互問候。所以，見到同事時會不吭一聲地擦肩而過，有時甚至看都不看對方一眼，或雖看一眼，但表情、眼神並未傳遞無聲的問候。

（2）雖然會問候，但是問候時聲音軟綿無力，拖得很長，好像早上沒吃飽飯，餓得沒力氣說出「早安」這兩個字似的。還有就是，打招呼的時候眼睛不看別人，完全把打招呼當成毫無感情的程序化事項。這樣的問候肯定不會給別人留下好感。

那麼，怎樣的問候才能給別人留下好感呢？毫無疑問，當然是聲音洪亮、精神飽滿、語氣鏗鏘有力、底氣十足的問候，才能帶給人聽覺上的激勵和精神上的振奮。上司和同事說著「早安」進入辦公室的時候，你也一定要大聲地回覆「早安」。

某人壽保險公司有一個年輕的員工，每天早上見到同事和上司時，總是大聲、熱情地問候他們。被問候的人聽到他的聲音，第一感覺就是很振奮，接著心情也會變得愉快起來。不知不覺間，他的問候成了公司早晨不可或缺的場景。公司老闆甚至在全體員工會議上，以他作為榜樣，號召大家熱情禮貌地問候別人。

(3)用「勢利眼」對待早晨問候，即見到比自己資歷深、年長的人，就很熱情地問候。但是，見到與自己沒有利害關係的人（地位平等的同事），或見到比自己職位低的人，問候的熱情就降低了很多，問候語冷淡，語氣要死不活，顯得毫無誠意，甚至乾脆裝作沒看見，懶得去問候。

有多少人早上來到公司時，見到負責清掃大廈和辦公室衛生的清潔人員時，會熱情地向他們問候一句「早安」？雖然他們與你沒有什麼關係，但是請永遠記住：一定要親切地對待他們，因為一個人如何待人接物，反映的是他的內在修養。對任何人都一視同仁，精神百倍地熱情問候，會將你的良好態度傳達出去。

反之，如果你見到下級不問候，見到職位低微的人不打招呼，恰好被上司看見，會不會影響你在上司心目中的形象呢？如果這一幕被公司的客戶看到，會不會影響他們對你們公司的印象呢？

接下來，我們就來詳細地講解問候的技巧細節，讓你的問候如春雨般潤物細無聲，又能像驚雷一樣令人精神振奮。

07　人際關係：細微處見真章的人脈經營術

1. 主動

問候必須主動，這是態度問題。當你主動問候時，給人的第一感覺就是你很熱情、友好，別人自然會對你有好印象。

2. 簡單

問候無需複雜，你可以簡單地說一聲「早安」。即便對不太熟悉的同事，比如公司很大，有些同事你初次碰面，不知道怎麼稱呼對方；或是剛進入公司的新人，你不知道對方叫什麼；或你是剛進公司的新人，都可以這樣問候。

3. 微笑

問候時，切勿板著一張冷酷的臉，如果這樣，問候也就變得沒有溫度了。好像別人逼你問候，而不是你主動、發自內心地問候一樣。當然，如果有時候你不想問候，或你本身就是個羞澀、寡言之人，你也可以用微笑代替問候。有時候一個真誠的微笑，甚至會勝過一句響亮的問候。

4. 自然

問候是非常生活化的事情，應該表現出自然的態度。有些人問候別人時神態誇張、矯揉造作或扭扭捏捏，都不會給別人留下好印象。

5. 稱呼

問候時，尤其是上下級之間的問候，有必要加上適當的稱呼。比如，上司問候下屬：「小李，早安！」下屬問候上司：「張總，早安！」只

要稱呼恰當就行，最怕的是稱呼不恰當，讓別人感到不舒服。比如，見到老闆時稱呼「老闆」，見到年輕女員工稱呼「張小姐」，見到同事時稱呼「王大哥」，這樣的稱呼可能讓別人不怎麼舒服。因此，切記不要在稱呼上犯錯。

6. 新意

有時候，你可以一改往日的問候方式，用一句「今天天氣真不錯」，或「你的裙子真漂亮」、「你的西裝真有質感」之類的話來問候他人，這樣可以拉近大家之間的距離，使雙方很容易就聊上幾句。如果是與客戶見面，這種問候就比那句「早安」更親切。

需要注意的是，問候不是問事，千萬不可見面就問東問西。除非是你的親朋好友，除非真的想了解情況，否則最好不要打聽對方的家庭和健康細節。比如，家有孩子的職場女士，見面三句話不離老公、孩子；孕婦員工總愛談超音波檢查等，凡此種種，除非與對方是好友，否則見面時不問為好，以免惹人生厭。

7. 提醒

除了早上見面時熱情禮貌地問候一句以外，一天之中第一次在公司碰面，也需要問候一句。比如，有些公司很大，上下樓好幾層，一天中的某個時候，同事之間因工作上的問題碰頭，也需要問候一下。另外，下班時最好也與同事打個招呼，避免「來無影、去無蹤」。如果上司與你同處一間辦公室，就更要向上司打聲招呼，以顯得你有禮貌。

行動方案：

從現在開始，與你遇到的每一個人打招呼。

07 人際關係：細微處見真章的人脈經營術

吉姆・弗雷：努力記住他人的名字

> 我能叫得出名字的人，少說也有5萬人。
>
> ——吉姆・弗雷

你是否有這樣的經歷：與某個點頭之交在一段時間後相遇，對方叫出你的名字，你感到意外和驚喜，而你卻叫不出對方的名字，抓耳撓腮良久，最終在對方的提醒下，才支支吾吾地說出他的名字，說不定還說錯了。那一刻，想必你會覺得自己很失禮吧？

叫不出或叫錯別人的名字是很失禮的，而被別人叫出名字，則會讓自己感到興奮。這是因為名字對每個人都有特定的意義，人們最關心、最感興趣的人名，不是自己崇拜的某個大明星的名字，而是自己的名字。所以，戴爾・卡內基在他《人性的弱點》一書中忠告人們：記住別人的名字並準確地叫出來，很容易贏得別人的好感。

愛爾蘭人吉姆・弗雷10歲時，父親就在一場意外中喪生，他和母親以及兩個弟弟相依為命。由於家境貧寒，他很小就輟學打工，賺錢貼補家用。雖然他沒讀什麼書，但是憑藉自己的熱情、禮貌和對人性的掌握，他長大後事業步步高升並步入了政壇。46歲那年，他已經獲得了4所大學頒發的榮譽學位，並且高居民主黨要職，後來他還成為愛爾蘭的郵政首長。

有記者曾問吉姆・弗雷成功的祕訣，他回答說：「辛勤工作，就這麼簡單。」記者不相信地質疑道：「你別開玩笑了！」吉姆・弗雷反問記者：「那你認為我成功的祕訣是什麼？」記者說：「聽說你可以一字不差

> 吉姆‧弗雷：努力記住他人的名字

地叫出 1 萬個朋友的名字。」

吉姆‧弗雷笑著說：「不，你錯了！我能叫得出名字的人，少說也有 5 萬人。」

吉姆‧弗雷雖然沒有直接回答記者什麼是他的成功祕訣，但在他與記者的對話中，已經間接地告訴人們：他的成功祕訣是記住別人的名字並叫出來。這是一個出乎人們意料的成功祕訣。那麼，吉姆‧弗雷到底是怎麼記住那麼多人名的呢？

吉姆‧弗雷說他每次認識一個人，就會先了解他的全名、家庭狀況、政治立場，以及他所從事的工作，然後根據這些情況留下對他的印象。下一次見到這個人時，不管隔多少年，他都能迎上去，叫出他的名字，噓寒問暖一番，或問問他的工作情況，或問問他的家庭情況，就像相隔多年之後再見面的老朋友間那樣，讓人感到特別驚訝、特別溫暖、特別感動。因此，與他打過交道的人都很喜歡他。

吉姆‧弗雷之所以愛記人名，是因為他很早就發現了人名對一個人的重要性。他表示，不管對哪一個人來說，你喊出他的名字都是一種友善和尊重的表現；反之，如果你不慎忘了別人的名字，或者叫錯了別人的名字，即便對方嘴上沒有說什麼，心裡肯定也是不高興的，甚至可能因此招來一些不愉快的事情。所以，吉姆‧弗雷十分重視記住別人的名字，這對他的成功發揮了很大的作用。

戴爾‧卡內基曾說：「一個人的姓名是他自己最熟悉、最甜美、最妙不可言的稱呼，在交往中最明顯、最簡單、最重要、最能得到好感的方法，就是記住別人的名字。」每一個人聽到別人喊自己的名字時，精神都會為之一振。尤其是和自己第二次見面，甚至和自己初次謀面的人，居然能叫出自己的名字，那所表達出來的珍貴的在乎和尊重，瞬間就會

07 人際關係：細微處見真章的人脈經營術

贏得人心。

有一家餐廳，每天都顧客盈門，座無虛席。有人就問老闆：「你們的生意如此興隆，是怎麼做到的呢？」老闆說：「記住客人的名字，並在客人進門時馬上叫出來。」

有一次，一位曾在該餐廳用餐的趙先生又來到這家餐廳，進門時服務生走過來，微笑著打招呼：「趙先生，您好！好久不見哦，如果我沒記錯的話，您大概有兩個月沒來我們餐廳了，是不是最近太忙了呢？」

聽到這樣的話，趙先生首先是精神一振，內心瞬間洋溢起一陣無法形容的愉悅，接著他趕緊回答服務生：「是啊，前段時間我出差了一個月，工作又比較忙。所以，有兩個月沒來了！」從那以後，趙先生經常來該餐廳，而且時常在朋友、同事面前說這家餐廳有多好，介紹了很多人來這家餐廳用餐。

這家餐廳的老闆很聰明，他知道名字對任何人來說都是悅耳動聽的聲音，只要有顧客來餐廳，他就會想方設法記住他們的名字。靠著用心記憶、日積月累，他的餐廳成功地俘獲了顧客的心。很多顧客來了兩次之後，還很願意再來，因為在這裡不但享受到了美味菜餚，還享受到了至高無上的尊重。

因為名字對一個人很重要，所以如果你在交際中能夠記住別人的名字，並準確、熱情、禮貌地喊出來，就代表著你在交際中多了一種優勢。這種優勢往往能幫助你更順利地辦事。事實上，能否記住別人的名字，關鍵不在於你的記憶力好不好，而在於有沒有用心，想不想記住別人的名字。只要你重視這項工作，並用點心去記憶，就沒什麼難的。

吉姆・弗雷：努力記住他人的名字

1. 請他人重複名字

在人際交往中，不知你是否經歷過這種情況：當別人介紹自己的名字時，你沒怎麼聽清楚，或聽清楚了，但是不知道對方的名字怎麼寫。這個時候你是怎樣應對的呢？很多人會假裝聽清楚了，「嗯嗯啊啊」地附和。這樣肯定不容易記住別人的名字，因為一開始你就沒聽清對方叫什麼，又怎麼去記憶呢？

正確的做法是，如果對方介紹自己的名字時，你沒有聽清楚，或你聽清楚了，但是不知道對方的名字怎麼拼寫（或有生僻字、諧音字等），你可以請他重複一遍：「對不起，我剛才沒聽清楚，你能重複一下嗎？」如果他的名字中有生僻字，比較特別，你可以問：「你的名字怎麼寫？是××字嗎？」然後，在你們接下去的交談中，一再地重複對方的名字，以加深記憶。

2. 結合長相記名字

記住一個人的姓名，並不需要死記硬背，你可以結合對方的長相、身材、身高等具體特徵來記憶。心理學研究發現，一個具體的東西比較容易在腦海中留下印象。而名字本身是抽象文字的組合，不容易留下深刻的印象。因此，你在記憶的時候最好將對方的姓名與其外形特徵結合起來。當然，也可以像吉姆・弗雷那樣，結合對方的家庭情況、工作情況等因素記憶，便易於記牢。

3. 回去花點時間記憶

身在職場，你每天都可能與客戶打交道，認識一些陌生人，他們可能會遞給你名片。這個時候，你最好當著對方的面認真地看一眼名片，

07 人際關係：細微處見真章的人脈經營術

並讀出聲來。一方面是表達對對方的重視，另一方面是進行記憶，留下一點印象。而且，回去之後有必要拿出名片，回憶一下這個人的外貌特點，並與他的名字結合起來記憶。這樣當你們第二次見面時，你就不容易出現「記錯人家名字」、「叫不出人家名字」的尷尬情形了。

經驗分享：記住他人名字的技巧

（1）不斷重複別人的名字 —— 你可以重複對方名字的發音，並在談話中不斷提到對方的名字。

（2）好好動應對方的名字和長相 —— 將你記憶的名字與對方的相貌相互對應，心裡重複這個連繫並且反覆記憶。

（3）使用有相關連繫的詞語 —— 記憶時，把對方的名字與你所熟悉的某些詞語連繫起來。

（4）寫下來 —— 把對方的名字寫下來，甚至可以當著對方的面寫下來。事後翻看筆記本，強化記憶。

戴爾・卡內基：真心表現出對他人的興趣

> 一個人只要對別人真心感興趣，在兩個月之內，他所交到的朋友，就比一個要別人對自己感興趣的人在兩年之內所交的朋友還要多。
>
> —— 成功學大師戴爾・卡內基

當你跟別人談論他最珍貴的事物時，將會獲得他的強烈好感。之所以會有如此效果，是因為在人的天性中，有一種強烈渴望被別人喜歡的心理。如果我們發現別人對自己感興趣，就代表著對方喜歡自己。因此，這會激起我們對別人的好感，使我們願意與別人交往下去。所以，聰明的職場人士應該真心表現出對他人的興趣，這樣可以輕鬆地為自己贏得良好的人際關係。

著名的魔術師薩斯頓，在長達40年的魔術演藝生涯中，走遍了世界各地，不斷創造幻象來迷惑觀眾，不知使大家吃驚地瞪大眼睛多少次。有人統計過，購買薩斯頓魔術表演門票的人數超過6,000萬，這使他賺了近200萬美元的鈔票。這個數字，在當時絕對是天文數字。

很多人以為薩斯頓的成功靠的是淵博的知識和高超的魔術技巧，但薩斯頓表示，擁有高超魔術技巧的人不止他一個，同時期的魔術師有十幾位，但他之所以能取得更好的成就，得益於他懂得真心實意地對觀眾表現出興趣。很多魔術師會一邊表演，一邊看現場的觀眾，心裡卻對自己說：「瞧瞧臺下那些傻瓜、那些笨蛋，我把他們騙得團團轉，他們還在為我付錢、為我鼓掌。」但薩斯頓完全不同，他每一次上臺都會對自己

07 人際關係：細微處見真章的人脈經營術

說：「我很感激，因為這些人來看我的表演，使我能夠過著很舒適的生活。我要把我最高明的手法，表演給他們看。」薩斯頓宣稱，每當走上舞臺時，他都會不斷地告訴自己：「我愛我的觀眾，我愛我的觀眾。」並在表演中時不時地問現場觀眾：「大家希望看我表演什麼魔術呢？只要你們說，我就表演給你們看。」雖然他這麼問了，但是對魔術表演了解不多的觀眾往往會讓薩斯頓隨意發揮。正是憑藉這一點，薩斯頓成了魔術師中的魔術師。

一位著名作家曾經說：「如果你不喜歡別人，別人就不會喜歡你的作品。請記住一句話：你必須對別人感興趣。對別人感興趣，你才會去思考別人喜歡什麼，我應該給別人什麼。有了這些，你才可能成為一名優秀的作家。」在職場中，如果你想擁有良好的人際關係，想成為一個人緣很好的人，那麼你務必記住這位作家的話。

現在，讓我們來想像一個交談的畫面：同事在滔滔不絕地跟你講述某件事情，而你在那裡心不在焉地摳手指，或在上網聊 Line。試問，同事會保持講述的熱情嗎？他會不會覺得自己沒有受到重視呢？他會不會覺得熱臉貼到冷屁股上，受到了無情的冷落？答案是肯定的。他之所以有這種感受，是因為他知道你對他的講述不感興趣，更確切地說，是你對他不感興趣。對於這種心理感受，你換位思考一下，便會獲得相同的感受。

那麼，怎樣才能表現出對別人感興趣呢？

1. 適當重複關鍵詞

在與人交談的時候，是表現出對他人感興趣的最好時機，因為你可以對對方的話題表現出興趣。比如，時不時地重複一下對方話中的關鍵詞或感情用語，讓對方知道你在認真聽他說話，並且對他的話感興趣。

在心理學上，這種重複關鍵詞的技巧被稱為「反射」。關於「反射」，心理學家曾做過一個實驗：

找來 90 名女大學生，讓工作人員分別與她們對話。其中 45 名女大學生在發言時，工作人員會適當地重複她們話中的關鍵詞；另外 45 名女大學生在說話時，工作人員不重複她們話中的關鍵詞，只是一聲不響地聽著。

結果顯示，與後半大學生相比，前半大學生的談話時間要更長，談話的次數也更多，她們交談時的熱情也高漲許多。她們對工作人員的好感度比後半大學生對工作人員的好感度高出 11%，而且非常樂意與工作人員談話。

這個實驗說明：在與人交談時，重複對方的關鍵詞或感情用語，可以表達出對對方的興趣，引發對方對你的好感，繼而使得對方更願意與你交談、交往。當然，在重複對方話中的關鍵詞或感情用語時，要用心找出關鍵詞，千萬別找錯了。

舉個簡單的例子，同事告訴你：「我這個月的業績超額完成了 50%！」你需要重複的是「50%」，而且最好帶著點疑問的語氣，表達的是不可思議的神情，這樣更能突顯你對同事的興趣。如果你找錯了關鍵詞，重複的是「你」，那麼表達出來的就完全是一種質疑、不相信、看不起的態度，氣氛一下就會變得尷尬，對方肯定會認為你在故意諷刺他。

2. 正確使用提問

在與同事相處的過程中，要想表達出對同事的興趣，你可以運用提問的技巧。比如，你對同事說：「週末過得怎麼樣？上次聽說你想去爬山，去了嗎？」如果同事說：「去了！」你可以說：「真的啊？那裡好玩嗎？

07 人際關係：細微處見真章的人脈經營術

好玩的話我也想去。」這樣一個問題就能燃起同事講述的欲望，還能表達你對同事的關心和興趣，贏得同事的好感。

在交談中，運用提問技巧也很重要。比如，同事講了一件事，你可以用質疑的口吻說：「不會吧？怎麼會這樣？」同事講了一件你不明白的事情，你可以問：「為什麼呢？」同事講了一件有懸念的事情，你可以問：「後來呢？」如此一來便可以建立起同事與你的良好互信關係，使交談變得更順利。

3. 配合肢體語言

人是有表情、有神態、有肢體動作的，有了這些才構成豐富多彩的肢體語言，才能更好地配合言語，讓交流和交往充滿生動感。因此，在與同事相處時，有必要適當地搭配肢體語言。

比如，在聽同事講話時，你注視著他，面帶微笑，眼神充滿期待。同事看到你的肢體語言，會更加積極地說下去，以滿足你的好奇心；反之，如果你眼睛都不看他，手裡忙自己的事情，那麼同事對你就會產生負面的感覺。對方嘴裡不說，心裡也會對你感到不滿。

經驗分享：

（1）兩個眼角上揚，睜大眼睛，表達的是吃驚、意外、驚喜等感受，這些都是你的一種情感流露。

（2）嘴角上揚，嘴巴時不時半開半閉。這表示你的興趣被勾起來了，很想發言加入討論。

（3）眨眼睛的次數減少，眼睛睜大。如果沒有髒東西跑到你的眼睛裡，卻頻繁地眨眼睛，表明你不耐煩；而當你眨眼睛的次數減少，表明

你已經被別人的話題吸引住了；如果你突然睜大眼睛，表明你相當感興趣。

（4）上身前傾，或直接走近對方。身體前傾是表現出感興趣的典型肢體語言，其言外之意是我想聽得更清楚一些。

牢記以上幾個表達你對別人感興趣的典型肢體語言後，還需注意一些不利於表達你對別人感興趣的負面身體語言。比如，翹二郎腿、抖腳、打哈欠、伸懶腰、挖耳朵、摳鼻子、看錶、雙臂交叉抱於胸前、揉眼睛、抓頭髮等。

07 人際關係：細微處見真章的人脈經營術

劉墉：不要打聽他人的隱私

> 幫助人，但給予對方最高的尊重。這是助人的藝術，也是仁愛的情操。
>
> —— 作家劉墉

在職場裡，有些人對別人的隱私具有強烈的探求欲，樂此不疲地打聽，好像這是他們生命中最值得關注的事情。心理學家研究發現，愛打聽別人隱私的人，往往有強烈的控制欲，總想透過獲得他人隱私的方式來控制對方。

然而，沒有人願意輕易被別人控制。當發現別人打聽自己的隱私時，他們往往不會甘願「繳械投降」，成為被控制的俘虜。因此，如果你動不動就打聽別人的隱私，往往會令人生厭。不僅當事者會討厭你，旁人也會討厭你。因為打探他人的隱私，對他人極不尊重，是沒有修養的表現。

李佳是某服裝公司的業務員，平時除了向分銷商推銷服裝之外，她最喜歡做的事情就是打聽別人的隱私。有一次，她無意間得知公司的王慧是個未婚媽媽，而且不知道孩子的爸爸去哪裡了，頓時好奇的求知欲如同熱鍋上的螞蟻，不停地攪動著她，讓她心裡癢癢的。之後，李佳有事沒事就與王慧攀交情，聊天的時候有意無意地提到王慧的婚姻和孩子，表現得很關心王慧的孩子。

剛開始，王慧對李佳的關心還挺感激，畢竟關心她的人不多。漸漸地，王慧發現李佳越問越多，不僅問她是怎麼跟孩子的爸爸認識的，還問她孩子的爸爸做什麼工作。王慧見隱瞞不下去，只好老實交代：「孩子

的爸爸不知去向了。」

這時李佳又問王慧：「為什麼不知去向了呢？怎麼好好的就不見了？」一連串的敏感問題，如同一根根針扎入王慧的心窩，讓她的腦海浮現出一幕幕不堪回首的往事。王慧終於忍不住了，氣憤地說：「好了，妳有完沒完，怎麼總是問這些亂七八糟的？」

沒想到，李佳不反思自己的不良行為，反而以宣揚王慧的隱私作為報復手段，給王慧造成了極大的傷害。與此同時，李佳不道德的行為也引起了同事們的強烈不滿，大家看清了這個人的內心，逐漸疏遠了她。

每個人的心底都有一個不為人知的角落，那裡藏著不便公開的祕密、私事。對於這些私人的事情，每個人都應該予以尊重和保護，而不是窺探和打聽。刻意地窺探和宣揚別人的隱私是素養低下、沒有修養的表現，是令人厭惡的行為。

在一份 3,000 人參與的職場調查中，44.6% 的白領表示：如果有人故意冒犯自己的隱私，那麼以後一定會對他敬而遠之。33.7% 的白領表示：不管對方是不是故意的，只要對方碰觸了自己的隱私，自己就會生氣。由此可見，如果無法好好處理隱私問題，就很容易影響到辦公室的人際關係，並間接地影響個人的職業發展。

在職場的人際交往中，有些時候你可能在無意間得知了別人的隱私，或不小心宣揚了別人的隱私。如果只是偶爾發生，而且確屬無意，尚且可以透過解釋來彌補，以求得原諒。但若經常這樣窺探別人的隱私，並以宣揚他人的隱私為樂，那麼你是不可能交到朋友的。即使交到了朋友，朋友也會遠離你。所以，如果不想成為他人唾棄的對象，就要做文明人，不隨便打聽別人的隱私，即使知道別人的隱私，也要守口如瓶。

07　人際關係：細微處見真章的人脈經營術

隱私除了指一些不為人知的經歷、傷痛、傷疤之外，通常來說，還包括女士的年齡、夫妻感情、經濟狀況、家庭生活及各方面。在西方國家，有「女士不問年齡，男士不問收入」之說。還有個人的私生活、個人不願意公開的工作計畫、私人信件等。整體而言，只要是別人不願意告知的私人事情，都可以算得上是隱私。對此，我們應該保持尊重。

1. 不主動打聽別人的隱私

對待他人的隱私，我們應本著不主動打聽的原則，即如果對方主動告訴我們他的隱私，我們不妨聽聽；但如果對方沒有告知的意思，就絕不多問一句。這一點在與同事的相處中極為重要。在職場中，同事之間熟悉了之後，就會閒聊一些話題，一般的瑣事或開開玩笑，大家都不會介意，但如果打聽別人的隱私，往往很容易引起對方的反感。

比如，有位女士買了一款名牌包包，公司裡一個女同事一眼就看出了這包包的等級，她驚訝地尖聲道：「哎喲，名牌包啊，多少錢啊？很貴吧？」她這一叫又引來了其他同事圍觀，大家你一句我一句地問，讓這位女士感到很反感。於是，她只好強顏歡笑地敷衍，其實她真的很想吼說：「我買個包包關你們什麼事！」從那以後，她對那位尖叫的女同事特別反感。

2. 替別人保守祕密

雖然我們推崇不打聽別人隱私的原則，但有時候也會無意間得知別人的隱私。比如，有位同事在你面前說了另外一位同事的隱私。再比如，在一次交談中，同事不小心說溜了嘴，說出了自己的隱私。在這種情況下，你被動地得知了別人的隱私，那麼你該如何對待他人的隱私

劉墉：不要打聽他人的隱私

呢？如果你當起傳播者，把得來的隱私轉告給別人，同樣是不道德的行為。

雖然你不是始作俑者，但你已經不知不覺扮演了幫凶的角色，同樣會遭人厭煩。正確的處理方式是，對別人的隱私三緘其口，絕不透露出去。即使在當事者面前，也不妨裝作不知情，就當自己從來沒聽說過。這樣一旦當事者知曉你在為他保密，瞬間就會對你產生強烈的信任感以及好感。

小測試：你是職場中的八卦王嗎？

上班時，一位同事寄了封郵件給你，告訴你：鄰座同事離職了。看到這個訊息，你感到很意外。當你把頭轉向鄰座時，發現他已經關掉電腦，正在悄悄地收拾東西，你會做何反應？

A. 立刻大聲問鄰座同事：「你怎麼辭職了？」

B. 準備下班後，找個單獨機會問鄰座同事辭職的原因。

C. 發郵件問對方辭職的原因，雖然你知道當時他沒辦法回你的郵件。

D. 雖然很驚訝，但你很平靜，覺得這件事已經發生，自己左右不了，不問為妙。

測試結果：

A. 你的八卦指數高達 4 顆星。

你對一些雞毛蒜皮的事情很好奇，就像對隕石撞地球一樣好奇。你總是辦公室最新新聞的傳播者，不管是好事壞事，還是別人的私事。建議：說話前先思考該不該說。

B. 你的八卦指數為 3 顆星。

你是個懂得掌握說話時機的人，但有時候欠缺一些考慮問題的意

07 人際關係：細微處見真章的人脈經營術

識，因為有些話即使換個場合和時間，也不適合立刻提出來。建議：進一步思考什麼話該什麼時候說，能不說的堅決不說。

C. 你的八卦指數為 2 顆星。

你處理事情非常沉穩，你不會給別人過多的壓力，但容易給人冷淡的印象。建議：適時增加自己的「醒目度」，提升自己的辦公室人氣。

D. 你的八卦指數為 1 顆星。

你對別人的事情漠不關心，給人的印象是比較冷漠、不好接觸。建議：不是所有的事情都應該避而不談，適當地與同事聊天，發表自己的意見，可以讓你變得更有親和力、更真實。

張德芬：別把負面情緒帶給他人

> 痛苦是你創造出來的,因為那是你對事情的解釋。
>
> —— 作家張德芬

在辦公室裡,很多人動不動就愛抱怨幾句,或在同事面前埋怨第三者。抱怨的事情可能是工作上的事情,也可能是家庭生活裡或自己朋友圈裡的事情;埋怨的對象可能是公司裡的同事、上司,也可能是自己的家人、朋友、鄰居以及一些陌生人。以下類似的抱怨想必你也非常熟悉:老闆真是小氣鬼,過年過節的,一個紅包都不發,太沒人情味了;客戶真難應付,總是有各式各樣的退貨理由,我真的煩死了。

今天真倒楣,被路過的汽車濺了一身水,那司機真可惡。

物價這麼高,薪資這麼少,真的叫人沒辦法活了。

孩子真調皮,而且屢教不改,氣死我了。

……

如果是在生活中,抱怨幾句也沒什麼,但是在職場中,如果口無遮攔,遇到不快就抱怨,逢人就訴苦,那麼久而久之,你就可能成為被大家討厭的人了。理由很簡單,旁人見你經常抱怨、訴苦,自然會把你當成「怨婦」,誰願意跟怨婦打交道呢?再者,上司見你總是抱怨,會認為你是個消極的員工,特別是當你抱怨公司這不好、那不好,抱怨工作這不是、那不是時,就更容易引起上司不滿。

羅女士是一家飯店的服務生,從進飯店的第一天開始,她就不斷抱

07　人際關係：細微處見真章的人脈經營術

怨，逢人就訴說工作的苦累。不是抱怨工作太髒太累，工作時間太長，就是抱怨顧客各個像大爺，難伺候，再不然就是抱怨薪資太低。一開始，同事們聽到她抱怨，還會附和幾句，或安慰幾句，但是到了後來，大家聽見她抱怨時都刻意躲開，因為他們怕受到抱怨的影響，也怕一不小心跟著抱怨起來，引起上司的不滿。

在日復一日的抱怨聲中，羅女士工作時總是無精打采，如果有機會偷懶，她絕不會放過，對待工作是能敷衍就敷衍，熬一天算一天，沒有一點上進心。在服務顧客時，也沒有表現出應有的良好態度，經常招致經理和顧客的不滿。終於有一天，公司忍無可忍了，將她辭退。

在公司裡發牢騷，最大的危害就是破壞工作氣氛，破壞團隊的氛圍。如今的職場，都注重相互幫助，團隊成員的凝聚力、溝通力決定了團隊的戰鬥力。如果團隊裡有幾位愛抱怨的員工，那麼這個團隊的凝聚力會大打折扣。事實上，職場中的抱怨危害性並不在於抱怨的事實本身，而在於抱怨傳達出來的負面情緒，而人的情緒是容易受影響的，尤其容易受與自己朝夕相處的同事影響。對團隊來說，抱怨就像會傳染的病毒，是任何企業都難以接受的。

李闖本來是一家社會機構的員工，領著穩定的收入，每天過著單調的上班生活。他本人似乎對這種現狀不滿，經常向朋友王虎抱怨，抱怨在機構中的種種不如意。王虎是一位廣告公司的老闆，事業做得欣欣向榮，他見李闖整天抱怨機構的不好，就對他說：「要不來我公司吧，當我的副總，和我一起管理公司。」由於王虎為李闖開出的薪水相當誘人，加上他們又是相識多年的朋友，於是李闖放棄了穩定的工作，進了王虎的公司。

李闖是個有才華的人，進入廣告公司後屢次提出很有創意的廣告設

計方案，深受王虎的欣賞。但是漸漸地，王虎發現李闖愛抱怨、愛訴苦的毛病實在太嚴重了，好好的團隊工作氛圍被他的抱怨聲攪得烏煙瘴氣。最初，王虎見李闖抱怨就好心地問他：「你對工作不滿意嗎？還是對薪資待遇不滿意？如果你有不滿意就告訴我，我們是好朋友，私底下好商量，但你別總在員工面前抱怨。」

其實李闖也沒什麼不滿意，就是日常工作中的一些瑣事引起了他的抱怨，要他說出具體的不滿，他也說不上來。因此，他總是對王虎說：「沒有不滿，我只是隨便嘮叨幾句，感覺說出來舒服一點，你別往心裡去。」可沒過多久，李闖的抱怨毛病又犯了，有時候還會在下屬面前抱怨王虎的廣告點子：「王總的想法太常規了，如果按他的想法設計廣告，效果肯定不好」；「王總這樣的點子有什麼意思？太差了！」

王虎脾氣再好，心胸再寬，也容不得李闖這般抱怨。終於有一天，他們鬧翻了，李闖離開了公司。後來，李闖進入另一家大型的廣告傳媒公司，薪水也上漲了許多，可他愛抱怨、愛訴苦的毛病始終改不了。說老闆任人唯親，說老闆的幾個親戚「吃閒飯」，說多了自然引起那些人的不滿，最後李闖沒待多久又走人了……

工作中遇到不快，稍微抱怨幾句也沒什麼，這是一種正常的情緒宣洩。可是如果成天抱怨不停，則會陷入抱怨的漩渦中出不來，就像戴著有色眼鏡，總是對身邊的人和事評判，而對他們的優點視而不見，變得非常愛挑毛病、愛數落人，這樣肯定不受人歡迎。抱怨一旦成了習慣，影響的不僅是自己的人際關係，更會影響自己的職業前途，真的得不償失。

當然，如果真的忍不住要抱怨，也要注意抱怨的技巧，控制抱怨的尺度和頻率，讓抱怨不至於產生不良影響。

07 人際關係：細微處見真章的人脈經營術

1. 抱怨也要三思而行

抱怨最忌諱的是不加思考，脫口而出，想抱怨什麼就抱怨什麼，難免會說出帶有強烈個人情緒的話，這樣口無遮攔往往言多必失，很容易引起別人的不快。因此，抱怨時應注意用詞，思考一下怎樣抱怨更合適。

2. 盡量不要在辦公室抱怨

辦公室是工作的地方，不是抱怨的地方，不適合發洩個人情緒。而且帶有主觀情緒的發洩，很容易被同事和上司誤解，引起不必要的誤會，影響自己的人際關係和公司氛圍。你可以回到家裡向家人抱怨，偶爾向家人抱怨，這樣抱怨的危害就可以忽略不計了。

3. 不要事事都抱怨

在職場中，一味地忍氣吞聲也不是好事，難免會讓人覺得你老實、好欺負，什麼事都往你頭上推。因此，當你心有不滿時，偶爾爆發、抱怨一下也未嘗不可。但需要注意的是，偶爾抱怨即可，切不可事事抱怨。

4. 如果一次抱怨無效，就別再繼續抱怨

抱怨都是有目的性的，是表達不滿的方式。當你發現自己的抱怨沒有達到想要的效果時，就該停止抱怨了。切不可三不五時地老話重提，總是糾結一件事，這樣會讓人覺得你很斤斤計較。

5. 用商議的口氣代替抱怨

身在職場，要想解決工作中的問題，僅靠抱怨是沒用的，而應該積極面對問題，以積極的態度，用商議的口氣與當事者把問題擺到檯面上談，這樣更容易促使大家開誠布公地解決問題。

職場忠告：

有位醫生做過以下實驗：在一個盛滿水的杯子貼上寫有祝福或感謝詞語的紙條，在顯微鏡下，看到水的結晶十分光潔和美麗；當在這個水杯貼上寫有抱怨或詛咒詞語的紙條時，在顯微鏡下看到水的結晶非常醜陋。

這個實驗是真實存在的，它說明：人的主觀意志會影響自己看待客觀事物的態度和結果。一個懂得感激、祝福他人的人，眼中看到的是美好；一個只會抱怨的人，眼中看到的只有醜陋。所以，千萬別抱怨。

> 07　人際關係：細微處見真章的人脈經營術

哈佛宴會術：永遠都不要獨自用餐

> 關係是有限的，就像一個餡餅，只能被分成幾塊，拿走一塊少一塊。然而，我知道關係更像肌肉，你越使用，它越強壯。
>
> ——美國專欄作家基思・法拉奇

　　吃飯的時候，是人最放鬆的時候，這就是為什麼很多人喜歡請客吃飯，在飯桌上談笑風生，談著談著就成了朋友，談著談著生意就成了。難怪有人把吃飯當成一種高效交際的手段，有事沒事就愛請別人吃飯，好像永遠害怕獨自用餐。

　　事實上，和別人一起吃飯，吃什麼不是重點，在哪裡吃也不是重點，重點是吃飯本身這件事，重點是抓住吃飯這個時機，努力與別人建立起良好的人際關係。當你和別人坐在一起吃飯時，傳達出的意思很明顯：我喜歡你，我想和你交朋友！試問，天下有幾個人不願意和喜歡自己、願意與自己交朋友的人打交道呢？如果對方不是十惡不赦的人，沒有做過傷害我們的事情，想必沒有人會拒絕這樣的朋友。

　　基思・法拉奇出生於美國賓夕法尼亞州的農村，父親是鋼鐵工人，母親是清潔工。上學期間，他靠自己的聰明才智和個人努力，獲得獎學金進入耶魯大學，並獲得哈佛大學工商管理碩士學位。畢業之後，基思・法拉奇成為著名的底特律顧問公司的一名員工，並很快就坐上了合夥人的位置。之後，他成立了自己的顧問公司，成為業界白手起家的典範。

　　在不到40歲時，基思・法拉奇就建立了一張龐大的人脈關係網。在

他的這張關係網中，既有華盛頓的權力核心，也有好萊塢的大牌明星，他自己則成為「美國 40 歲以下名人」和「達沃斯全球明日之星」。那麼，他究竟是怎樣與那些名人成為朋友的呢？

基思‧法拉奇說：「剛進哈佛商學院時，我誠惶誠恐，我真的不敢相信一個窮小子能躋身全美最高商業學府。一年之後，一個念頭浮上心頭：我身邊這些傢伙都是憑什麼本事進來的？」有了這個念頭之後，他開始思考這個問題。他漸漸發現：他們都善於與陌生人打交道，而且是主動與別人接觸，這樣很容易建立起有效的關係網路。然後，利用關係網路去拓展自己的事業，最終促進雙贏局面。

後來，基思‧法拉奇慢慢找到了自己的交際方式——請客吃飯。基思‧法拉奇表示，不管你是在公司工作，還是參與社區活動，不管在哪裡，你都必須馬上融入那個圈子，快速成為其中的一部分。如果你總是單獨用餐，不搭理別人，那只能說明你與他人格格不入，這種孤立會帶給你可怕的後果。為此，基思‧法拉奇（Keith Ferrazzi）特意寫了一本書，名叫《絕不單獨用餐》（Never Eat Alone），告誡大家要善於與別人一起用餐，並透過用餐與人拉近關係。

基思‧法拉奇還說，在與人一起用餐時，雖然抱著與人交往的目的，但不要總想著怎麼達到自己的目的，因為交朋友的關鍵在於真誠和慷慨。如果為了攀關係而與人交往，表面上熱情握手，內心卻冷漠，這樣的人是交不到朋友的。

在職場中，與同事、上司一起用餐的機會很多。很多大型公司有自己的員工餐廳，到了午餐時間，大家放下手頭的工作，來到餐廳裡吃飯。如果你也有這樣的機會，你就可以和想結交的同事坐在一起，大家一人一份員工餐，邊吃邊聊，無形之中就拉近了大家的關係，慢慢地成為朋友。

07 人際關係：細微處見真章的人脈經營術

有些公司沒有員工餐廳，大家吃午餐要去公司附近的餐廳、小吃店，這也是與同事一起用餐的好機會。你可以和同事們一起去吃飯，偶爾請大家吃一頓，尤其是當你業績突出，拿到績效獎金時；當你工作出色，職位得到升遷時。抓住這些機會，請大家吃飯，既能和同事們一起分享快樂，又能表現你的慷慨大方、熱情友好，是非常好的交際時機。

中午去外面吃飯時，如果你能主動叫幾個同事一起，而不是一個人匆匆跑掉，就很容易為你贏得與大家一起用餐的機會。有時候，某個同事中午加班，或身體不舒服，不想去外面，這時如果你能主動幫他帶午餐回來，一定能贏得他的好感。

當然，在職場不獨自用餐，還有另外一層含義，就是除了員工餐之外，適當地請人吃飯。比如，下班後請幾個相處得不錯的同事吃飯，與客戶談生意期間，恰逢用餐時間請客戶吃飯，找個週末幾個同事聚一聚，等等。

關於請客吃飯，新東方元老徐小平曾經表示自己很欣賞這句話：「天天請客不窮，夜夜做賊不富！」徐小平表示，天天請客花的不過是飯錢，但交到的卻是朋友。朋友多了路好走，朋友多了資訊交流就多，發財的機會也更多，一旦和朋友合作賺到大錢，所有請客吃飯的錢可能都賺回來了。

身在職場，請客吃飯往往被視為「商務餐」，是經常性、被廣泛接受的商務行為。許多成功的職場人士往往把這種用餐當成達成業務，建立人脈的有效方式。一次小小的午餐約會，不僅能打開新的關係，還能成為職場友誼的堅固基石。也許很多人不知道，職場請客吃飯是一門大學問，裡面有一些很重要的細節。

接下來介紹一下職場請客吃飯時的注意事項。

1. 地點問題：宜近宜熟

在職場工作期間，不管是請同事、上司吃飯，還是請客戶共進商務餐，都有地點選擇的問題，即選擇合適的餐廳。在這一點上，要掌握一個原則——商務餐的主要目的是溝通業務事宜，所以盡量選擇離公司較近的餐廳，最好步行不要超過10分鐘，這樣可以讓你與客戶有更多的溝通時間。

當然，如果你私下請同事、上司吃飯，就另當別論了，特別是當你不想讓其他同事知道時，就有必要選擇距離公司較遠的餐廳用餐。當然，為保險起見，你也可以下班後請同事、上司吃飯。

如果情況允許，你最好提前預訂餐廳座位，免得當你與客戶走進餐廳時，卻發現裡面人滿為患，這樣不僅浪費時間，還會影響客戶的心情。因此，有必要提前一、兩個小時打電話預訂座位。當然，你也沒有必要提前一天預訂，畢竟商務餐不是正式的宴請，宴請一、兩位客戶，也不同於宴請一大桌的客戶。

關於餐廳的選擇問題，還有一個原則是「熟」，即不要選擇你從未去過的餐廳。原因是你不知道那家餐廳的環境、菜餚味道怎麼樣，貿然進入可能會讓自己和客戶失望。雖然商務餐的餐點不要求多麼高檔，但至少在味道上要讓客戶滿意；環境方面，盡量別選擇嘈雜的餐廳，以免影響你與客戶交流。

2. 點餐問題：尊重對方

在點餐時，必須牢記一個原則，就是客戶（同事、上司）優先，這樣可以顯得你很重視對方。如果對方說「我對這裡的菜不熟悉，還是你來點吧」，那麼你最好再推讓一下，堅持讓對方先點，這不僅是出於禮貌，

07 人際關係：細微處見真章的人脈經營術

更重要的是避免你點了對方忌口的菜。

如果對方點了一、兩道菜，輪到你時，這裡面也很有學問。假如對方點的菜比較油膩，你可以點一些相對清淡的菜來搭配。但是要注意：最好在點每道菜時，詢問一下對方的意見，同時也可以詢問服務生，或讓服務生推薦幾道菜。這樣有利於了解菜的口味和特點，以便點到符合口味的菜。對於菜的數量，遵循不浪費的原則即可。

3. 結帳問題：乾淨俐落

談到請客吃飯，就不能少掉結帳的問題。在商務餐中，結帳並不像人們想的那麼簡單，把錢給服務生，然後找回零錢就走人，這裡面也要注意一些問題。

（1）盡量提前付帳。在用餐快結束時，你可以找個藉口先離開一下。比如，對客戶說：「我去一趟洗手間，你慢用。」然後去前臺結帳。當你和客戶起身離開時，便對客戶說：「已經結帳了，我們走吧。」客戶一定會感到詫異，會覺得你這個人辦事可靠，做事考慮周全，心裡的天平就會傾向你。

（2）如果可以用卡結帳，最好用卡。為什麼呢？有位西方的客戶管理專家表示，當著客戶的面數鈔票，會讓對方產生一種「讓我們一起出錢」的氣氛，對方可能因此感到不自在，而會搶著付錢。如果用卡，就會乾淨俐落。當然，如果你提前付帳，就不存在這個問題。

友情提醒：

請不要獨自用餐，並不是說一定要請別人吃飯，而是因為藉助吃飯可以與別人互動、交往，拉近人際關係。你可以輕鬆地和同事一起吃飯，並且AA制，大家各吃各的、各付各的帳。這絲毫不影響人際交往。

馬丁‧布伯：擊中他人情感最薄弱的地方

> 人與人之間就是一種對話的關係，一種「我與你」的關係，對話的過程就是主體之間相互造就的過程，對話的本質就是人與人之間在精神上的相通。
>
> ——存在主義哲學家馬丁‧布伯

布伯所指的對話，實際上就是情感溝通。因此，在人際溝通中一定要考慮對方的心理感受，說令對方感覺舒服、樂於接受的話，這樣才容易打動對方，贏得對方的好感。

在溝通中，你是否能了解他人的內心呢？是否能夠體諒他人的感受，找到他人情感最薄弱的地方，說出最能打動他人的話呢？這是能否順利與人溝通的重要條件。事實上，溝通絕不只是一種單純的說話技巧，它還是很重要的情感閱讀藝術，即在對話中察言觀色，讀懂他人的內心，並有針對性地引導、關心，在此基礎上的溝通才是最有感染力的。

有一位推廣卡內基訓練課程的教師，某天他在課堂上要求學員報告他們這個星期發生的事情。每個學員都要輪流上臺發表，但輪到一位女學員時，無論如何勸說，她都不肯上臺。當時可以強迫她上臺，但教師沒有這麼做，而是靈機一動，對大家說：「我們先休息5分鐘。」

利用這5分鐘的休息時間，教師和那位女學員聊了幾句：「我知道，妳不願意上臺一定有特殊的原因，對不對？」那位女學員看了老師一眼，眼眶紅紅的，然後講了關於自己的一段往事：「我上小學時，曾經代

07 人際關係：細微處見真章的人脈經營術

表班級參加演講比賽，上臺之後我由於緊張腦子一片空白，把演講詞忘得一乾二淨，結果傻傻地站在臺上。後來主持人叫我下臺，讓其他同學演講。演講結束後，班導當著全班同學的面罵我，還打了我一巴掌。這造成我很大的心理創傷，從此我討厭演講、討厭老師，也包括你。」

聽完女學員的講述，教師對她說：「既然妳不願意上臺，那等一下妳就不用上臺了，我讓下一位學員上臺發表。」5分鐘之後，課程繼續，沒想到那位女學員堅持要上臺發言。她上臺之後，講了自己學生時代的失敗演講以及挨的那記耳光，表現得十分傷心。後來全班同學投票，大家都覺得她的故事最令人印象深刻。

當女學員拒絕上臺發言時，教師沒有強迫，而是選擇即時溝通，並且認真傾聽女學員的心聲，最終幫助女學員解開了心結。女學員上臺講出自己的故事，就是她打開心防的一種表現。而這一切，源於教師的情感溝通術，他讓女學員感受到尊重和關心，給了女學員從心理障礙中走出來的勇氣。

不可否認，溝通不能沒有技巧，但只有技巧是不夠的，還需要有關心他人、體諒他人的同理心。因為只有當你具備同理心，在溝通中遇到疑惑時，才能夠耐心地提問、真誠地傾聽、充滿關懷地開導，這樣才能擊中他人情感最薄弱的地方，徹底俘虜他人的心。為此，在溝通中應該注意以下兩點：

1. 保持良好的溝通態度

人是情感動物，對他人的態度十分敏感，如果得到了熱情、友善、真誠的對待，就會感到愉悅，溝通也會變得順暢起來。因此，想要與別人進行良好的溝通，需要以保持良好的溝通態度為前提。

馬丁・布伯：擊中他人情感最薄弱的地方

有位顧客想買海爾冰箱，他先是去了某大型電器賣場 A，可是在那裡沒有受到業務的熱情接待，於是他來到另一家大型電器賣場 B，在這裡他得到了熱情的接待。於是，他決定在這裡買海爾冰箱。他對業務說：「雖然賣場 A 贈的禮品多，但那個業務的態度差，我寧願在你們這裡買。」

對於顧客來說，最渴望得到的就是重視，這展現在業務熱情、禮貌的接待上。聰明的業務應該明白，在溝通中保持良好的態度才能擊中客戶的情感薄弱處，才能俘獲客戶的心，從客戶那裡獲得業績。很多時候，也許你的能力不是最出眾的，也許你的產品不是最好的，但由於你的態度良好，重視他人的感受，最後你往往最受人歡迎。

有位教授在某地旅遊，其間去一間化妝品店為妻子挑選香水，可是挑了一會兒之後，沒有發現自己想要的，於是他在離開時告訴身邊的業務。業務非常真誠地說：「真的很抱歉，我們沒有您想要的東西。」教授非常感動，順手拿起一款香水說：「這個也可以的。」

溝通中的真誠態度是不可或缺的，尤其作為銷售人員和服務人員，良好的溝通態度絕不能少。這個態度包括臉上的熱情微笑，行動上的主動問候，言語上的真誠關心，與客戶打交道過程中的禮貌應對。比如，客戶來了，即時端上一杯水，即時搬一把椅子等，都可以好好拉近客戶的心，贏得客戶的好感。

2. 充滿感情地表達關心

人都有被關心的情感需求，哪怕是陌生人之間一句禮節性的問候，業務與客戶之間一句形式化的關切，都能讓人感覺愉悅。當然，越是充滿感情的關心，越能俘獲他人的心。

07 人際關係：細微處見真章的人脈經營術

　　有一次，某電器賣場的業務胡女士接待了一位顧客，透過對方的口音判斷應該是閩南人，於是立即用臺語與他溝通，瞬間就拉近了他們之間的距離。結果，顧客從胡女士那裡買了一臺冷氣。

　　從這個例子中可以看出，情感溝通的技巧就是在恰當的時機，以恰當的方式，把恰當的情感訊息傳達給他人。優秀的職場人士善於揣摩他人的內心活動，找到關心的著眼點，讓人感覺特別舒服。

職場金句：

　　每一個人都需要有人和他開誠布公地談心。一個人儘管可以十分英勇，但他也可能十分孤獨。

—— 美國作家海明威

數據溝通術：數字本身就是說服力

> 他們需要從數據中找到有用的真相，然後向領導者解釋。
>
> ——數據科學家理查・斯尼

鬧區的一處路口，一位年輕人因闖紅燈差點被一輛轎車撞倒，他不但沒意識到自己的錯，反而和司機喋喋不休地理論起來。司機是一位紳士，他很平和地說：「年輕人，闖紅燈被撞了，只會得到人道性的賠償；如果綠燈時被撞了，司機就要負全責，可能會賠上身家。我建議你下次多等幾秒，等綠燈時過馬路，那樣划算得多。」

司機的話很幽默，他透過對比闖紅燈被撞與綠燈時被撞所得到的賠償數額，忠告年輕人遵守交通規則。年輕人聽了他的話之後，如夢方醒，意識到自己錯了，馬上道歉離開。從這個例子中我們看到，數字本身就是最好的說服佐證。因為它非常直觀，讓人一聽就明白是怎麼回事。

某家電企業生產出一種品質上等的洗衣機，並得到國家專業機構認可的「5,000 次無故障執行」。為了迅速搶占市場，該公司想出了一條絕妙的廣告行銷策略：在黃金路段租了一個小亭子，然後把新研發的洗衣機放在小亭子裡供來往的人參觀。洗衣機始終處於運轉狀態，而且完全接受群眾監督，絕對不可能中途調換洗衣機。

果然，這臺洗衣機迅速引起了眾人的關注，結果真的連續無故障運轉了 5,000 次，從此該洗衣機成為消費者心目中的名牌產品，銷量節節攀升。

07 人際關係：細微處見真章的人脈經營術

在日常的人際溝通中，尤其是在銷售過程中，恰當地使用數字可以達到說服客戶的目的。因為數字可以展現產品的效能，可以讓客戶直觀地了解產品的優勢。例如，你對客戶說：「我們的電燈經過專業測驗，可以連續使用 5 萬個小時而無品質問題」；「我們公司的電器在全國銷量超過了 260 萬臺」；「連續使用 26 天 ×× 品牌的洗髮精，您的頭髮可以……」

在介紹產品時，使用精確的數據可以加深客戶對產品的印象，增加論據的可信度。在運用精確數據說明問題的時候，銷售人員需要注意以下幾點：

1. 必須確保數據的真實性和準確性

在溝通中運用精確的數據，能夠引起客戶的重視和信賴，但前提是必須保證數據的真實性和準確性。一旦客戶發現你所列的數據是虛假的或錯誤的，他們就有充分的理由認為你是在欺騙他們。這樣一來，你之前與客戶建立的信賴感會瞬間坍塌，你的產品給客戶留下的好感也會蕩然無存。結果只會適得其反，你想再努力說服客戶，就會變得難如登天。

數據不是死的，不會固定不變，隨著時間和環境的變化，很多產品的相關數據都會有所改變。因此，在運用數據時，一定要注意這些數據的變化，切不可 10 年前用的是這套數據，10 年後還用這套數據。要記住，虛假的數據是沒有說服力的，只有摧毀力，毀掉你的觀點、毀掉你的產品形象。

2. 用有影響力的人物或事件說明

在運用數據說明問題時，如果想使你的數據給客戶留下深刻的印象，你可以藉助那些影響力較大的人物或事件加以說明。由此，可以進一步增加產品的影響力。比如，「某某明星從××年開始，一直使用我們公司的產品，到現在已經和我們公司建立了 8 年 3 個月的良好合作關係」；「我們的產品是 2008 年奧運的指定產品，僅那次奧運就使用了××× 箱這種產品」。這樣可以發揮名人效應，使產品產生的影響力，增進客戶對產品的信任感。

3. 利用權威機構的證明

在運用數據說明產品時，最好的數據是經過權威機構認證的。因為權威機構本身就是名譽保證的象徵，影響力非同小可。當客戶對你的產品品質或其他問題提出質疑時，你不妨用經過權威機構認證的數據說明問題，讓客戶的疑慮煙消雲散。例如：「我們的產品經過×× 協會的資格認證，在經過連續 11 個月的檢驗之後，×× 協會認定我們的產品完全符合國家標準……」

最後提醒一下，在溝通中不可一味地羅列數據，因為數據畢竟枯燥乏味，說多了只會令客戶感到單調，聰明的做法是適當地穿插使用數據，在最關鍵的地方運用最精確的數據，這樣的數據才能發揮畫龍點睛、說明問題的作用。

職場金句：

說服有兩個最基本的技巧：第一個技巧叫列數據，第二個技巧叫舉案例。

07　人際關係：細微處見真章的人脈經營術

來點邏輯：讓人進入你的思考模式

> 在與人交談時，不要以討論異見作為開始，而要以強調（而且不斷強調）雙方所認同的事情作為開始。
>
> ── 戴爾・卡內基

辦公室裡，小陳這幾天一直想找機會和老王說話，終於在老王去走廊抽菸時，小陳跟了出去。他對老王說：「前兩天你罵我的那些話我一點都不認同，不過我這個人度量大，也不和你計較。」

老王笑了笑，說：「就為這事啊？我都快忘記了，你怎麼還記得呢？你到今天還惦記著，這還叫不計較啊？」

小陳臉一紅，灰溜溜地回到了辦公室。

小陳嘴裡說「不計較」，實際上一直在計較，他的話顯得毫無邏輯，輕輕鬆就被老王抓住漏洞駁斥了。

在溝通中，你是否也會像小陳那樣說話沒有邏輯呢？你可千萬別小看說話的邏輯，它是你清晰表達觀點，言簡意賅地闡述意見的有力武器，更是你反駁他人、說服他人的殺手鐧。真正會說話的人，往往是語言邏輯的高手，他們絕不會思維混亂、前後矛盾，而是思維縝密，講話有層次、有主題、有條理，讓人聽後頻頻點頭，不自覺地接受其觀點。

有一天，公司突然宣布晚上加班，各部門主管紛紛把這個訊息傳達給下屬：「今天公司要求晚上加班。」結果員工們議論紛紛，一時間亂成一鍋粥。有的人反對，有的人心不甘情不願，只有少數人默不作聲。

生產部主管的做法卻與眾不同，他沒有直接傳達公司加班的旨意，

而是召開一個簡短的會議，開篇就說：「各位，如果我們公司大客戶不給我們下訂單會怎麼樣？」得到的回答是：「沒訂單公司無法提升效益。」

生產主管又問：「公司無法提升效益會有什麼後果呢？」得到的回答是：「我們大家都要倒楣，說不定還會失業！」生產主管接著說：「如果客戶是因為我們的某個訂單不能如期完成而拒絕與我們合作呢？我們能讓這樣的事情發生嗎？」得到的回答是：「絕對不能讓這樣的事情發生。」生產主管說：「是啊，我們的團隊是最棒的，絕不能因為我們而影響公司的效益，所以我們必須堅決完成生產任務。為此，我們今天晚上需要加個班，相信大家沒有意見，對吧？」

下屬們紛紛表示沒有意見，欣然接受加班的要求。看看這位生產主管，他就充分運用了邏輯與下屬溝通，將下屬們一步步帶入自己的思考模式。善於運用邏輯溝通，可以使你的發言錦上添花，使你的表達有條理，使他人更容易理解你的想法。

邏輯是一門廣泛、深奧的藝術，下面簡單介紹幾種比較實用的邏輯溝通方法，讓你在職場溝通中遊刃有餘。

1. 遇到不利的話題時，巧妙地用邏輯轉移話題

在人際溝通中，我們難免碰到一些不利於自己的話題、提問，這個時候如果我們拒絕回答，會讓提問者下不了臺；如果我們如實地回答，又會讓自己陷入尷尬。所以，最好的辦法是答非所問，巧妙地轉移話題。

假如你是水果店的老闆，顧客來到你的水果攤前，想買葡萄卻發現你的葡萄不怎麼新鮮，於是他問你：「還有新鮮的葡萄嗎？」這時你可以不直接回答他，而是回答道：「有剛進的香蕉，很新鮮的，要不要來點？」

07　人際關係：細微處見真章的人脈經營術

別人問你葡萄，你卻回答香蕉，這是典型的答非所問。偶爾答非所問，並不會引起別人的不快，而且只要你的答非所問大方自然，往往很容易把別人帶入你的話題中。別人就會在不知不覺間開始關注你的話題，接受你的提議。就像那位顧客，他可能發現你的香蕉很新鮮之後，不再提葡萄之事，直接對你說：「來幾斤香蕉。」

2. 製造「兩難選擇」，讓人做出有利於你的選擇

在人際溝通中，有時候你想說服別人，達到自己的目的，可是如果直接提要求，很難被答應。這個時候就有必要來點邏輯，甚至故意製造「陷阱」，將情況置人對你們都有利的兩難境地。下面介紹這方面的典型例子。

美國普林斯頓大學的一個男生愛上了一個漂亮的女同學，但他一直不敢表白。因為這個女生實在太漂亮了，而自己長得一般，各方面也不是特別出眾。有一天，他想到了一個辦法。他鼓起勇氣對那個女生說：「妳好，這張紙條上有我寫的一句關於妳的話，如果妳覺得我寫的是事實，就送給我一張妳的照片好嗎？」

女生的第一反應是：又是一個無聊的男生，不就是想追求我嗎？何必搞得這麼神祕兮兮。女孩見多了這樣的男生，她想早點擺脫男生的糾纏，於是答應了男生的請求。她當時想的是：不管他寫什麼我都說不是事實，那樣我就不用送給他照片了。

可是，當女孩看了紙條上的那句話後，馬上皺起眉頭，因為她絞盡腦汁也想不出拒絕男生的理由，只好乖乖地送給男生一張自己的照片。這究竟是怎麼回事呢？原來，男生在紙條上寫的那句話是：「妳不會吻我，也不想把妳的照片送給我。」如果女孩承認這是事實，那麼她就必須按照

約定把自己的照片送給男生；如果她不承認這是事實，就代表著她會吻男生，想把照片送給男生。所以，無論如何她都要把照片送給男生。

這個聰明的男生叫羅納德・斯穆里安，他所運用的邏輯叫兩難選擇，即不論對方選擇哪個選項，都有利於自己。後來，他成了美國著名的邏輯學家，而那個女孩成了他的妻子。可見，溝通中巧妙地運用邏輯，有可能為你贏得人生重要的財富。

3. 讓人一開始就說「是的」，並形成一種習慣

美國作家奧佛斯屈曾說，「『否定』的反應」是人最不容易突破的障礙，當一個人說「不」時，他所有的人格尊嚴都要求他堅持到底。也許事後他覺得自己說「不」是錯的，但他為了保護自己的自尊也會堅持下去。

客戶說：「因為你的發動機太熱了，我的手不能放上去，所以我不會買。」業務員說：「先生，如果我的發動機太熱，你就不應該買。我的發動機的熱度不應該超過全國電器製造公會所定的標準，不是嗎？」

客戶說：「是的，這是肯定的。」

業務員說：「電器製造公會定的標準是，發動機的溫度可以比室內高華氏 72 度，對不對？」

客戶說：「是的。」

業務員說：「請問你廠房內的溫度大概多少度？」

客戶說：「大概華氏 75 度。」

業務員說：「如果廠房的溫度是華氏 75 度，加上機器的華氏 72 度，總共是華氏 147 度，對不對？」

客戶說：「是的。」

07 人際關係：細微處見真章的人脈經營術

業務員說：「把手放在華氏 147 度的東西上，是不是很燙手？」

客戶說：「是的。」這是事實，他必須回答「是的」。

業務員說：「我的提議是，我們別把手放在上面，是不是呢？」

客戶說：「我想是的，你的提議不錯。」

最終，這位客戶購買了業務員推銷的發動機。美國人際關係學家戴爾・卡內基指出，在與人交談時，不要以討論異見作為開始，而要以強調（而且不斷強調）雙方所認同的事情起頭。也就是說，在溝通中要不斷誘使對方說「是的」，盡可能避免對方說「不」。

小測試：看看你的邏輯能力如何。你認為下面哪一個命題最合乎邏輯？

A. 先有雞，才有雞蛋。

B. 先有雞蛋，才有雞。

C. 凡是下雪的地方，地上都會變白。

D. 凡是窮人，都會很小氣。

解析：

選 A 的人：思考模式偏重歸納，熱衷於追求結果，但是太過依賴和相信現有的知識，缺乏追根溯源的精神。

選 B 的人：熱衷於探求事物的本質，探求知識的來源和本質，思考模式屬於溯源型，經常從一個原點思考整個事件，或者是尋找一個起點和中心點，以便了解整個事件。

選 C 的人：思考模式屬於單行道式，不擅長反向或多向思考，很容易陷入刻板模式當中，缺少創意。

選 D 的人：思考模式比較偏執，容易走極端，往往會以偏概全，主觀臆斷地下結論。

麥肯錫：別想把整個海洋煮沸

> 你不可能將整個海洋煮沸。
>
> —— 麥肯錫工作法則

在世界上所有的植物中，最高大雄偉的恐怕要數美國加州的紅杉，它的高度在 90 公尺左右，差不多是一幢 30 層樓的房子那麼高。很多人都知道，植物越高大，它扎根就越深。但植物學家研究發現，加州紅杉的根並不深，而是淺淺地浮在地面。按理來講，紅杉的抗風能力是很差的，一陣大風就可以把它連根拔起。

可事實上，紅杉抓地很牢，抗風能力很強，很難被風颳倒。這究竟是為什麼呢？原來，紅杉雖然扎根不深，但是以群體的形式生長。一棵棵紅杉組成大片紅杉林，彼此的根緊密地連結在一起。自然界再大的風，也難以撼動團隊作戰的紅杉林。

加州紅杉告訴我們一個道理：合作的力量是巨大的，團隊是不易戰敗的。對職場人士來說，合作的重要性是難以用言語形容的。作為一名員工，作為公司的一員，只有懂得與大家團結合作、相互幫助，才能夠更順利地克服工作中的困難，以最快的速度走向成功。

麥肯錫有一句名言：你不可能將整個海洋煮沸。這句話的意思是，個人的知識和能力是有限的，不要試圖單打獨鬥地完成一項巨大的工作，而要善於與大家合作，依靠團隊成員的知識、經驗和能力共同完成工作，這才是最明智的選擇。

在麥肯錫，員工絕不會獨自上路，或者說至少員工不會獨自工作。

07　人際關係：細微處見真章的人脈經營術

公司裡的每一項工作幾乎都是以團隊方式進行的，從一線的客戶專案工作到公司決策的發表，都不是一個人在戰鬥。

公司最小的工作團隊也有兩名成員，而對於最大的客戶們，公司也許會安排幾個 5～6 人的團隊同一時間在現場工作，這些團隊一起組成了「超級團隊」。在 1990 年代初期，麥肯錫的超級團隊在一起討論工作時，人數居然多到公司沒有一間房間可以容納所有人，於是公司不得不將會議室搬到紐澤西的一家飯店。

麥肯錫認為，藉由團隊工作是解決問題的最佳辦法。對於麥肯錫來說，它面臨的問題要麼極其複雜，諸如「當主要市場萎縮時，面對競爭的壓力和工會的要求，如何保持股東的權益」；要麼非常廣泛，諸如「在這個行業中，我們怎樣才能賺錢」。對於這些問題，一個人根本無法應對、無法解決，而需要團隊處理。這代表著大家可以分工合作，可以分頭收集資料，然後一起分析資料。更重要的是，有更多的大腦思考和思索問題。

在你的工作中，當遇到複雜的問題時，你也可以藉助團隊的力量來解決，而且應該這麼做。在面對複雜的問題時，團隊的力量不僅讓你的工作輕鬆一些，更重要的是會取得更好的執行效果。所以，如果條件允許，切不可單獨勉強執行，那是不聰明的做法。

1. 合作不是萬不得已時的結果

在職場中，很多人會因為必須一起工作，才與他人保持合作關係，一旦工作結束，合作關係馬上結束。這種合作顯然是不可靠的，也不可能長久。真正的團隊合作是以「我心甘情願與別人合作，別人也心甘情願與我合作」為基礎，這就需要我們在日常工作中，積極表現出合作的

動機和意識，如果一項工作可以兩個人做，並且兩個人可以做得比一個人更高效、更完美，那麼請不要一個人執行。這不僅是為個人著想，也是為公司的整體利益著想。

2. 合作的最高境界是取長補短

假如每個人的能力、優勢都一樣，那談合作就沒什麼意義，不過是「1+1=2」的簡單能力相加。單純的人力相加，在體力工作中尚且可以，但在腦力工作中就沒有意義了。慶幸的是，事實上每個人的能力是不同的，優勢也是不一樣的，每個人都有自己擅長和不擅長的事，合作的過程就是取他人之長、補自己之短的過程。當每個人都把自己的優勢發揮出來，彌補對方的短處之後，團隊合作的威力就是最大的，這會大大增加勝算。所以，在合作中沒必要斤斤計較，因為相對於「微不足道」的個人利益來說，完成企業的大目標，幫助公司更有效地發展，比什麼都重要。

3. 合作講究技巧，講究優化資源配置

合作不是單純把幾個人召集在一起，然後吆喝一聲：「大家一起做。」合作講究技巧和分工合作，除了上面說到的優勢互補之外，還需要制定明確的合作目標，制定計畫，讓每個人把目標和計畫銘記在心，再分配工作任務給每個團隊成員，彼此相對獨立地工作，但相互之間又保持合作。就像機器上的各個部件，相互之間既有獨立，又有合作，才能正常、高效地運轉。

說到這裡，不由得讓人想到了一則故事：

有兩個飢腸轆轆、奄奄一息的人行走在沙漠中，幸運的是他們得到

07 人際關係：細微處見真章的人脈經營術

了一位長者的施捨：給他們一根釣竿和一簍鮮活的魚。他們得到這些東西之後並未分開，而是決定合作下去。首先，他們把魚烤了，飽餐一頓，想著吃飽了好上路，找一處河流釣魚，繼續填飽肚子。可是卻沒想到，他們吃完了所有的魚之後，行走了好長好長的路，也沒有找到可以垂釣的河流。結果，他們還是餓死了。

同樣還是兩個飢腸轆轆的人，他們也得到了相同的餽贈。他們的做法則不同，首先他們定了一個目標：要靠這麼多魚維持到我們找到河流。其次，他們制定了一個計畫，每走多遠吃一條魚，保證不被餓死就行。就這樣，兩人統一目標和思想，按照計畫合作下去，最終找到了河流，而他們當中有一位是垂釣高手，很快就釣到了魚，從此他們擺脫了貧窮與飢餓。

想必你也聽過這個故事，透過對比，它很直觀地告訴我們：合作固然重要，但更重要的是掌握合作的方法，否則即便合作也很難解決問題、克服困難。所以，請牢記合作中目標、計畫的重要性，學會優化資源配置，以保證合作順利而高效地進行。

小測試：你的團隊合作意識如何？

（1）如果你的上司要你晚上去公司加班，而那天晚上正好直播世界盃決賽，你會怎麼做？

A. 答應去加班。

B. 找個理由，拒絕加班。

C. 去加班，但是偷偷看網路直播，根本沒認真做事。

（2）如果某位重要客戶在週末下午打電話來，說他們從你們公司購買的設備發生故障，要求緊急更換零件，而相關負責人及維修工程師均已下班，你會怎麼做？

A. 告訴負責人，當負責人請你去送貨時，你很爽快地答應。

B. 打電話給負責人，把事情告訴他，但暗示負責人你現在很忙。

C. 直接對客戶說，週末沒法解決，要等週一才能解決。

（3）如果有位與你處於競爭關係的同事向你借一本暢銷書，你會怎麼做？

A. 很爽快地借給他。

B. 嘴裡說：「這本書寫得很糟，看不看都無所謂。如果你想看，就拿去吧！」

C. 告訴他這本書被別人借走了。

測試結果：

3題都選A：很有團隊意識，但要當心，千萬別被無關緊要的事情扯後腿。

2題選A：很善於合作，但並非因合作失去個性和自由，你懂得在恰當的時候拒絕。

1題選A：以自我為中心的人，不願意讓生活被工作干擾，不善於與他人合作。

07　人際關係：細微處見真章的人脈經營術

08
自我完善：
拓展生活半徑，
發現更好的自己

完善自我，不僅是為了把眼前的工作做得更好，更是為了提升自己的知識水準，提升自己的能力，讓自己成為一個兼顧工作與生活，兼顧事業與健康的真正「成功」的人。

08 自我完善：拓展生活半徑，發現更好的自己

法式停擺：別把工作帶回家

> 8月，這個國家在相當程度上處於「停擺」的狀態。尤其在巴黎，商店紛紛關門，甚至部分博物館也只在有限的時段對外開放。當地民眾似乎也集體去了外地——都到大西洋沿岸和里維埃拉度假去了。
>
> ——Lonely Planet 赴法旅遊指南

一直以來，很多職場人士都在討論一個話題：下班之後該不該把工作帶回家？有些人持肯定態度，認為工作可以與生活合而為一，可以緊密融合，在家工作並不影響正常的生活；有些人持反對態度，認為工作是工作，生活是生活，既然下班了，就不該再想工作上的事，而應該放鬆心情，好好享受生活。對於這個頗有爭議的話題，林先生的看法是：當然可以把工作帶回家，而且他一直都是這麼做的。

林先生下班之後，總是準時離開公司，週末也不喜歡在公司加班，他喜歡把工作帶回家做。他經常下班回到家，吃完晚飯就開始忙碌處理當天尚未完成的工作。如果孩子纏著他要聽故事，或問他什麼問題，他會很不耐煩地說：「去旁邊待著，沒看見爸爸在忙嗎？」如果孩子不乖，他還會發脾氣。

就這樣，幾乎每天家裡都有這樣的「風景」：林先生板著臉，獨自坐在書房裡完成一些案頭的文字工作。他時不時點燃一根香菸，時不時抓耳撓腮，發出煩躁的嘆氣聲。雖然他已經很疲憊了，工作效率也不高，但他無法停下手頭的工作。即便毫無思緒，他也不願意離開電腦桌，去

陪陪家人。

妻子對林先生的這種行為非常生氣，說了不知道多少次，但林先生並不當回事。久而久之，妻子也不說了，吃完飯就帶著孩子去外面散步，或在家裡看電視、玩遊戲，到了睡覺的時候就睡自己的，這嚴重影響了他們的夫妻感情。

孩子對爸爸也是敬而遠之，上一秒和媽媽玩得嬉笑不斷，下一秒見到爸爸就馬上閉上嘴巴，不敢放聲大笑。這讓林先生也感到無奈，但他沒有想過問題出在哪裡，沒有想過要改變自己的工作方式。

「工作可以使一個人高貴，但也可能把他變成禽獸。」這是西方國家廣為流傳的俗諺。我們大概都有這樣的想法和追求：既希望在工作上做出卓越的成就，又想享受自在愜意的生活。可事實上，魚和熊掌很難兼得，在工作的時候我們要暫時放下享受生活的愜意，下班之後我們同樣應該暫時放下工作，全心全意地享受愜意的生活。

為什麼很多職場人士總感覺活得疲憊？恐怕與他們不能正確處理好工作與生活的關係有關，他們很可能忽視了一個簡單的道理：工作是工作，生活是生活，二者不可混為一談，不可沒有界限。假如把工作——謀生的工具視為人生的最高追求，把它看得太重，無疑會讓自己陷入不能自拔的壓力中，把生活弄得一團糟。

英國知名作家塞繆爾・詹森曾經說：「在家中享受幸福，是一切抱負的最終目的，別把工作帶回家。」他建議用不同的態度看待工作和生活，在工作上不管你是醫生、律師、教授還是老闆，你所扮演的角色都是你的職務。下班之後，你應該脫下職務的外套，扮演最真實的自己，好好地陪伴家人，享受生活。

除了不把具體的工作帶回家以外,我們也不應該把與工作有關的事情帶回家:

1. 家不是戰場:請不要把工作中的權力、規則帶回家

有位老將軍曾在保衛國家的戰爭中立下赫赫戰功,趕走侵略者之後,他沒有機會打仗了,於是他把戰場轉移到家裡。他把戰爭時用過的望遠鏡、地圖等物品擺在客廳最顯眼的位置,經常向客人介紹;對待妻子、孩子,他總是頤指氣使地下命令,就像指揮士兵那樣;與家人吵架吵不過時,就用將軍的身分壓制他們:「這是組織的命令,你們是軍人的家人,就必須服從命令。」

老將軍的兒子脾氣也很倔,從小就和父親不和。高中畢業時,父親堅決不讓他參加聯考,而是要他去參軍。這讓成績優秀的兒子失去聯考機會,失去進入自己理想大學的機會,兒子恨透了父親。從那以後,他不再與父親說話。開始工作之後,他能不回家就不回家,因為他不想看到父親。

原本一個好端端的家,由於將軍把工作中的權力、規則帶回家,破壞了家庭的和諧、民主氛圍,影響了家人之間的關係。這個故事告訴我們:無論你在工作中多麼厲害,哪怕你是部門主管,是公司老闆,回到家裡你還是家庭的一員,是父親、母親或孩子,千萬別把工作上的權力和規則帶回家,不能回到家裡也把家人當作下屬,用上司對下屬說話的口氣和家人說話。

2. 家不是垃圾桶:請不要把工作中的不良情緒帶回家

潘辰原來是一家公司的技術員,妻子是銀行的職員,工作穩定,孩子活潑可愛,已經上了小學。原本一家人和樂美滿,讓身邊的人相當羨

> 法式停擺：別把工作帶回家

慕。可最近半年，由於潘辰升遷，開始獨立負責專案研究，工作壓力增加，煩心事也變多了。下班回來，他總是唉聲嘆氣，怎麼也高興不起來。妻子問他怎麼回事，他也不願意說。孩子稍微不聽話，他就開始發火。搞得家人不開心，他自己事後也很懊悔……

在職場中，像潘辰這樣的人並不少，他們雖然沒有把工作帶回家，但腦子裡總是裝滿工作上的事，比如人事升遷、業績考核、上下級關係等，於是他們不知不覺間就把工作中的壓力、不良情緒帶回家，把家當成情緒的垃圾桶，隨意將煩惱、壓力發洩到家人身上。

在現代職場中，人容易產生壓力，會有不良情緒是正常的，但不應該不顧方式和方法，就將其發洩到家人身上。要知道，家是溫馨的港灣，而不是情緒的垃圾場。如果你有壓力、心情不好，可以找朋友傾訴，或回家和家人好好交流，而不是粗暴地發洩。否則，平靜的港灣將無寧日。

3. 思考效率問題：為明天的工作制定有效的計畫

為什麼你總有做不完的工作？是你太過積極主動，承攬了很多工作，包括原本屬於別人的工作，還是你不善於安排工作的輕重緩急，導致工作沒有效率呢？如果是前者，你有必要學會拒絕，幫助同事無可厚非，但不能幫過頭，以至於失去自己；如果是後者，你就有必要思考工作效率的問題了。為此，你不妨每天為第二天的工作制定一份計畫，按照工作的輕重緩急制定計畫，第二天上班時按照計畫工作，保證每一刻都是在做最重要的事。這樣你才能讓工作變得有效率，讓自己忙出成效，有忙有閒。

08 自我完善：拓展生活半徑，發現更好的自己

職場忠告：

　　成功地管理時間不是讓你把時間完全用在工作上，工作之餘還應該留出時間休息以恢復體力，嘗試為家庭、朋友、業餘愛好和其他休閒活動留出一些時間。

梁厚甫：隨身攜帶一本書

> 我看見一個美國青年手捧一本書，依靠在球場邊的鐵絲網上，一隻腳抬起來，另一隻腳著地讀書。而且一讀就是兩個小時，沒有變換位置，直到他把書讀完才離開。
>
> ——知名作家、美國政論家梁厚甫

書是人類的精神食糧，一本好書能讓人受益終生。說到看書，很多人會很自然地聯想到正襟危坐於書房裡，或靠在沙發上，不受任何干擾地閱讀。

如果能有這樣安靜的環境閱讀，那無疑是閱讀的最佳環境。可是很多時候，我們並沒有這樣的讀書環境，或當我們身處這樣的環境時，我們因為各種原因，沒有心思讀書。比如，孩子吵鬧，要你講故事給他聽；老婆嘮叨，要你陪她去散步，等等。是不是沒有好的讀書環境，我們就不讀書了呢？當然不是，我們應該尋找新的讀書機會，而不必非要在書房裡讀書。

很多人認為，在書房裡坐著讀書的姿勢最優雅，殊不知，一個人專注閱讀時就是最優雅的狀態。其實讀書並不是什麼不尋常的事，我們應該將其當成稀鬆平常之事，就像吃飯、喝水、睡覺一樣，融入我們生活的每個片段之中。只要你隨身攜帶一本書，就可以隨時隨地、隨心所欲地讀書。

不知你是否統計過，你的一生中有多少時間花在「等待」上。在車站

08　自我完善：拓展生活半徑，發現更好的自己

等候列車、在超市等待結帳、在酒吧等待朋友、在馬路邊等公車、在觀光景點等待參觀……等人、等事或等物，每一天你幾乎都要等待。很多人在等待時，神情焦急、坐立不安，為什麼不隨身攜帶一本書，利用等待的時間讀書呢？

隨身攜帶一本書，你會發現等待的時間不再漫長，等待的過程不再煎熬。那種焦慮不安、煩躁心慌的感覺，會被安靜悠閒、輕鬆從容取代。如此一來，既增長了知識，又讓等待變得不再枯燥。

如果你外出旅行、度假，更應該隨身攜帶一本書，它可以讓你的旅途不再寂寞，又能幫你打發幾個無聊的夜晚。就連白天上班也可以隨身攜帶一本書，在上下班的途中，在公車或捷運上，可以享受閱讀帶給你的精神滋養。

隨身攜帶一本書，可以更有助於你成就自己的夢想。比如，你想在業餘時間研究某方面的知識，研究經濟學、學習外語、學習烹飪等，你可以隨身攜帶一本書，利用空閒時間閱讀、研究。這樣既不會占用你大量的工作時間，又能讓你輕鬆地學到想要的知識。透過幾年的日積月累，你就會在相應的方面獲得豐富的知識，而別人在驚訝你突然掌握了一項特長之後，卻不知道你是如何修煉出來的。

「如果每個人都能在背包裡放一本書，我相信，所有人的生活會更美好。」這是《馬爾克斯傳》中的一句話，被作家郭海鴻視為珍寶。他曾經與讀者交流自己的讀書心得，他說：「我每天都在包包裡放一本書，多年來背包換了好幾個，帶書的習慣卻沒有變。一書在身，隨手可取，不分場合，不計時間，有機會就看上幾頁，隨時可以實現增量閱讀。」他建議大家每天在包包裡帶一本書，有空的時候就拿出來讀一讀。

蘇聯大文豪高爾基說過：「時間就像海綿裡的水，只要去擠總會有

的。」如果你能隨身攜帶一本書，那麼一年下來、10 年下來，你將會擠出很多閱讀的時間，你將獲得巨大的知識財富，這些知識也許能幫你實現自己的夢想。不要小看每一分鐘，每天讀幾分鐘的書，點滴累積，就可以讓你擁有汪洋大海般的知識量。

1. 每天讀書不在多，貴在堅持

讀書是一種優秀的習慣，隨身攜帶一本書，每天有空的時候讀一讀，一天哪怕只讀 30 分鐘，一年下來也有 160 多個小時。只要你能堅持下去，每一次閱讀都會計入你的閱讀量。而這些累積的閱讀量，就會潛移默化地充實你的內心，提升你的思想和覺悟，悄然之間轉化為你的言行，轉化為你的見識和智慧，使你成為一個有智慧的人。

試想一下，如果你每天讀書 15 分鐘，以最普通的閱讀速度計算，每分鐘讀 200 字，15 分鐘讀 3,000 字，一個月就是 9 萬字，1 年的閱讀量就達到了 108 萬字，而一本書的字數往往從七、八萬到十多萬不等。這樣算下來，你一年就可以讀 10 本書。這個閱讀量是相當可觀的，而且並不難實現，只要你能堅持下來。

2. 選擇容易攜帶的書

也許你覺得隨身攜帶一本書，會對自己的包包來說有所困難。確實，有些書很大，有些書很重，裝在包包裡，帶在身邊有些費力。其實，這並不是什麼難題，輕易就能解決。

(1)選擇小開本。市場上的一些書籍，往往會有小開本，就像小人書一樣，版式不大，文字不多，攜帶起來特別簡單。而且小開本的書容易讀完，會激發你的閱讀興趣。當你讀完一本又一本時，會覺得很有成就感。

08　自我完善：拓展生活半徑，發現更好的自己

(2)利用手機閱讀電子書。現代職場人手一部智慧型手機，而且手機越來越高級，越來越人性化。遺憾的是，我們看到公車上、捷運裡、商場裡、馬路邊，很多人拿著手機在玩，就是沒見幾個拿手機看電子書的。手機是我們的隨身必備品，你可以利用手機輕易找尋自己喜愛的電子書，這樣閱讀就變得十分方便。

3. 讀書原則：不強迫自己，隨心而讀

讀書是一件快樂的事情，應該內化成一種習慣。隨身攜帶書籍並不是為了強迫自己閱讀，那樣會讓讀書成為一種痛苦的事情。正確的做法是，隨心所欲，想讀就讀，慢慢地培養自己的閱讀興趣，慢慢地養成閱讀的習慣。這一點對於不愛讀書的人來說尤為重要。

職場金句：

閱讀的最大理由是想擺脫平庸，早一天就多一份人生的精彩；遲一天就多一天平庸的困擾。

—— 余秋雨

叔本華：讀完一本書，花 3 倍時間思考

> 如果一個人只是大量閱讀，把讀書當成休閒時光不動腦筋的消遣，那麼長久下來，他就會失去獨立思考的能力。就像一個總是騎在馬背上的人，最後會失去行走的能力一樣。
>
> —— 德國哲學家叔本華

子曰：「學而不思則罔，思而不學則殆。」這句話的意思是，一味地讀書而不思考，只會被書牽著鼻子走；只思考而不讀書，就會更加疑惑、更加危險。簡單地說，只讀書而不思考，就好比吃到肚子裡的食物未經腸胃消化，不能轉化為營養供給身體，這樣吃的東西再多也是浪費，讀的書再多也是徒勞。

在生活中，有些人讀書一味地追求速度、追求數量，講究一目十行的快速閱讀，書籍和知識在他們面前就如過眼雲煙，只匆匆留下些許印象，轉眼就被他們拋於腦後。更嚴重的是，他們讀完書後也不思考自己對書中某些知識的疑問，這樣就無法將讀書得來的知識內化成自己的學問，這樣不過是在「讀死書」，即使讀的書再多也不能掌握知識，讓知識為自己所用。

某天深夜，紐西蘭著名的物理學家拉塞福走進實驗室，看見一個學生正在認真地看書。拉塞福走過去問那個學生：「這麼晚了，你在做什麼？」

學生說：「我在看您編的最新講義。」

08 自我完善：拓展生活半徑，發現更好的自己

「那你白天都做什麼？」拉塞福問。

「白天也在看書啊！」

「早晨也在讀？」拉塞福繼續問。

「是的，教授，從早到晚我都沒有離開書本。」學生回答時顯得非常興奮，以為會得到拉塞福的誇獎。

不料，拉塞福反問了學生一句：「那你用什麼時間思考呢？」讀書不能僅僅滿足於開卷有益，更重要的是思考。與其匆匆博覽百書，不如徹底消化幾本。書讀得越多而不加思考，你就會覺得你知道得很多。而當你讀書時思考得越多，你就會越清楚地發現自己知道得還很少。

所以說，讀書雖然重要，但需要與思考相互結合，讀完一本書，甚至要花 3 倍的時間思考、消化，你才能真正把書中的知識變為自己的財富。正如法國作家巴爾札克所言：「一個能思考的人，才是真正的力量無窮的人。」

1. 思考的第一步是弄清書中的含義

讀書不能沒有思考，而思考的第一步是弄清書中的含義。這是最基礎的思考，也是一切思考的前提。因為讀書，你首先得讀懂書裡的內容，這就離不開思考。透過積極的思考，或藉助工具，比如查字典、請教他人，透澈理解書中的內容，這是讀書必不可少的一步。

2. 連結現實情況，多問幾個「為什麼」

當你理解了書中的內容之後，你對這些內容有什麼看法呢？你對書中所講的事物是否有不解之處？如果有，那一定要多問幾個「為什麼」：

為什麼作者要這樣構思行文？

為什麼作者的經歷如此豐富？

為什麼書中所講的事物會有這樣的特性？

對於你所提出的疑問，你應該連結現實情況，進行深入的研究和透澈的思考，這樣你才能提升自己的認知程度。大科學家牛頓曾說：「如果說我對世界有些貢獻的話，那不是由於別的，只會是我辛勤耐久的思考所致。」在讀書的時候思考，一是為了學習已有的知識，二是為了消化所學的知識，並在廣泛吸收精華的基礎上提出自己的見解，由此深化認知，加深理解。

3. 盡信書不如無書，要對書保持質疑態度

讀書不僅是為了學習別人現成的知識，還是為了以別人的知識和發現為基礎，提升自己對事物的認知。切不可迷信書，因為書也是別人寫的，是人寫的就難免有不完美的地方，甚至有錯誤的地方，所以我們要勇於質疑，勇於求證。

蓋倫是古羅馬時代的名醫，也是解剖學的權威人士，他建立了完整的解剖學理論體系。他認為肝臟的「自然之氣」混在血液裡，就像潮汐漲落那樣每天來回進行直線運動，以為各器官供給營養，維持生命。

一千多年來，人們將他的書視為經典，將他的觀點視為真理，從來沒有人提出質疑。但比利時醫生維薩留斯卻沒有迷信蓋倫的觀點，在大量臨床實踐的基礎上，維薩留斯對此提出質疑，並寫了一本名為《人體的構造》的著作，糾正了蓋倫認知上的錯誤。

人類對事物的認知往往不是一次完成的，而是分階段性的，因此當

08 自我完善：拓展生活半徑，發現更好的自己

你看到前人對某事物提出某些觀點之後，切不可認為他的觀點是百分之百正確的。

也許前人也有思考欠妥的地方，也遇到了不解之處，因此你應該以他為基礎上，在吸收其有益觀點的同時，對你感到不解、不認同的地方提出質疑，並積極求證，尋找新的答案，這樣你才能透過閱讀不斷提升自己。

職場金句：

讀書而不回想，猶如食物而不消化。

—— 愛爾蘭作家伯克

博恩・崔西：與菁英為伍，並向他們學習

> 不管是在你的現實生活中，還是想像中，你習慣與之相處的那些人，都會大大影響你想成為的理想人物目標。
>
> ——世界潛能大師博恩・崔西

在現實生活中，你和誰在一起真的很重要，與你交往的人不僅會潛移默化地影響你，甚至會改變你的成長軌跡，決定你的人生成敗。和什麼樣的人在一起，向什麼樣的人學習，就會有什麼樣的人生。

和勤奮的人在一起，向勤奮的人學習，你就不會懶惰。和積極的人在一起，向積極的人學習，你就不會消沉。

和有智慧的人在一起，向有智慧的人學習，你就不會愚鈍。

與同業優秀人士在一起，並向他們學習，你就會慢慢登上該行業的巔峰。科學研究發現，人是唯一容易受到暗示的群體。與優秀的人士在一起，受到正向暗示，會對你的情緒和生理狀態產生正向影響，會激發你的潛能，促使你不斷進步。所以，應想辦法接近優秀人士，與他們交朋友，向他們學習，接受他們的建議和一切正向影響。

28歲那年，貝爾拜訪了著名的物理學家約瑟・亨利（Joseph Henry），與他談論「多路電報」的實驗，但是亨利對他的實驗並不感興趣。貝爾又提到他在實驗中觀察到的現象：「當我把包著絕緣材料的銅線纏成螺旋狀，並有間隔地通電時，可以聽到線圈上發出嚓嚓聲。」亨利聽到這裡，馬上打起精神，他意識到年輕的貝爾所談的現象是一個新發現。他對貝

08　自我完善：拓展生活半徑，發現更好的自己

爾說：「我想親眼見識你做這個實驗。」

那天，天空颳起了刺骨的寒風，亨利叫來馬車，打算前去貝爾的住處，看貝爾做那個有趣的實驗。貝爾擔心亨利吃不消，就把儀器帶到亨利的住處做實驗。在實驗中，亨利真的聽到了電流通過銅線圈時發出的聲音。

貝爾對亨利說：「我認為可以利用這個原理讓電報線傳遞人的聲音，不過我沒有足夠的電學知識，我不知道該不該把這個設想公之於眾，讓電學專家進一步做這個研究。」亨利鼓勵他說：「如果你覺得自己缺乏電學知識，那就努力掌握這方面的知識。你有發明的天分，好好做吧！」

後來，貝爾成功發明了電話，談起當初的經歷時，他說：「我簡直無法描述那兩句話對我產生多大的鼓舞，要知道，在當時對於大多數人來說，透過電報線傳遞聲音無異於天方夜譚，根本不值得花費時間去考慮。如果當初沒有遇上亨利，也許我發明不了電話。」

約瑟·亨利作為物理學家，無疑是位優秀人士，貝爾之所以拜訪他，正是因為他足夠優秀，他身上有值得自己學習的地方。幸運的是約瑟·亨利看好年輕的貝爾，並向他提出了中肯的建議，這極大地鼓舞了貝爾發明電話。由此可見，與優秀者成為朋友，向優秀者學習，接受優秀者的建議，對提升自己、成就自己是極為有利的。

和優秀人士交往，是人生最大的樂趣；向優秀人士學習，是人生最大的幸事。在生活中有這麼一種人，你和他坐在一起就感到遺憾，因為覺得太晚和他認識了；有這麼一種人，僅僅和他說幾句話，你便會豁然開朗；有這麼一種人，哪怕只和你相處幾個小時，即便沒有過多的交談，你便能從他身上學到苦苦找尋很久，也未找到的東西。這些人也許不能被稱為成功者，也算不上有多麼優秀，但對你而言，他們就是優秀人士，就值得你去學習。

1. 虛心向周圍的人請教，
　　取他人之所長，補自己之所短

　　虛心是優秀的品性，是受人歡迎的特質。虛心不是無能，而是一種示弱，是接近他人，尤其是接近優秀人士的踏板。在這個世界上，幾乎沒有人會拒絕虛心向自己請教的人。對於正在走向成功、內心又有點小驕傲的優秀人士來說，你虛心向他們請教，可以大大滿足他們的自尊心和虛榮感，會贏得他們的好感。

　　當你以低姿態對優秀人士說「我遇到了一個問題，不知道你是否可以幫我」時，注意觀察對方有什麼反應，對方的臉上肯定會寫滿驕傲、得意和熱情，他們會很高興地替你想辦法，給你建議。

　　有個年輕人創辦了一家鄉鎮企業，經營初期遭遇了很多困難，公司一度陷入了絕境。可是她不放棄，而是積極地拜訪同行優秀的企業老闆，虛心聽取他們的建議，向他們學習經營之道。半年後，年輕人的經營能力獲得了巨大的提升，公司逐漸步入了正軌，並且發展得越來越好。

　　值得注意的是，在向優秀人士請教時，你的提問可以不複雜，但是別愚蠢。假如你不確定自己的問題是否愚蠢，你可以這樣說：「我覺得這個問題有點愚蠢，但說實在的，我真的有些不明白……」這樣可以表現出你的坦誠，有助於增加印象分。

　　有時候，你向優秀人士請教問題，並非你真的不懂這個問題，而是為了找機會與對方搭訕，與對方建立關係。這時就要特別注意了，雖然主動找些小問題去請教對方無傷大雅，但是在傾聽時千萬別露餡了，一定要認真聆聽，仔細聽取建議。如果你有不同的看法與對方討論，最好不要在第一次就與對方討論。你可以在下一次遇見他時，對他說：「感謝你上次給我的建議，我回去之後照做了，可是結果（成功也好，失敗也罷）……」

> 08　自我完善：拓展生活半徑，發現更好的自己

問題本身也許已經不重要了，重要的是透過這次提問，你既回饋了對方，又增加了與他打交道的機會，有利於你們之間建立進一步的連繫。

2. 善於發現別人身上的優點，並把它轉化成自己的長處

「三人行，必有我師焉，擇其善者而從之，其不善者而改之。」

這是大教育家孔子教育弟子的話，他告訴弟子：每個人身上都有值得我們學習的優點，對於他們的優點，我們應該選擇性地學習；對於他們的缺點，我們要對照自己，看看自己有沒有這種缺點，如果有就去改正。

孔子的教誨特別適用於現代職場人士，因為對於很多職場人士來說，他們所在的交往圈子是有限的，在這個圈子裡，並沒有那麼多出類拔萃的優秀人士。既然如此，如果僅僅是與優秀人士為伍，向優秀人士學習，那麼學習的面向就太狹隘了。聰明的做法是，但凡他人身上有自己欠缺的優點，就虛心地向他們學習。

比如，有的同事特別守時，上班、開會從來不遲到；有的同事特別細心，工作上幾乎沒有因粗心大意而出差錯；有的同事待人熱情，樂於助人，總是笑嘻嘻地幫助身邊的人……這些優點都值得我們學習。當你虛心地向身邊的同事學習時，不僅可以讓自己獲得更多的長處和優點，還能與大家建立良好的人際關係，何樂而不為呢？

職場金句：

成功的捷徑是與成功者為伍。

—— 股神巴菲特

納德‧蘭塞姆：睡前五分鐘自省自問

> 假如時光可以倒流，世界上將有一半的人可以成為偉人。
>
> ——納德‧蘭塞姆

有這樣一則寓言故事：有個年輕人十分樂於助人。有一次，他遇到了困難，想到自己平時幫助過很多朋友，於是就向他們求助。沒想到，那些曾經得到他幫助的人，對他的困難卻視而不見、充耳不聞。他十分失望和憤怒，以至於怎麼也想不明白，百般無奈之下，他找一位智者訴苦。

智者對他說：「幫助別人是好事，但你卻把好事變成了壞事。」

「什麼意思？」年輕人大惑不解。

智者說：「理由有三個。第一，你不懂得識人，幫助了那些沒有感恩之心的人，這叫不分青紅皂白，這是你眼拙；第二，你手拙，假如你在幫助他們的同時，也培養他們的感恩之心，他們也不至於把你的幫助當作理所當然，也不至於忘恩負義；第三，你心濁，你在幫助他們的時候，就想著將來有困難時可以向他們求助，而不是用平常心看待助人這件事。」

年輕人聽了智者的話，慚愧地低下了頭。這時智者對他說：「現在你最需要做的是反省自己，而不是抱怨、指責別人，只有這樣你才能從這件事中獲得成長，否則你今後還會犯同樣的錯誤。」

遇到看不明白、想不透澈的事情時，我們應該深刻地反省自己，而

08 自我完善：拓展生活半徑，發現更好的自己

不是抱怨、指責別人。自省自問是優秀的特質，心理學中將自省解釋為「透過自我意識來省察自己言行的過程」，也就是自我評價、自我反省、自我批評、自我調整和自我教育。

曾子曾說：「吾日三省吾身。為人謀，而不忠乎？與朋友交，而不信乎？傳，不習乎？」意思是：每天多次反省自己，問自己替人家工作是否不夠盡心？與朋友交往是否不夠誠信？老師傳授給自己的學業，自己是否有反覆實踐？透過每天多次反省，可以即時發現自身的問題，即時改正不足，不斷地完善自己。

對於現代職場人士而言，也許忙碌的工作讓你沒有時間多次反省自己，但是在每天睡覺之前，你可以抽出一點時間靠在床頭，閉目冥思，自省自問。哪怕只有短短的 5 分鐘，你也可以像曾子那樣問自己：上班工作是否不夠盡心？與朋友交往是否不夠誠信？從他人身上學來的優點，是否反覆實踐？

納德·蘭塞姆是法國著名的牧師，他去世之後被安葬在聖保羅大教堂，他的墓碑上工整地刻著他的手跡——假如時光可以倒流，世界上將有一半的人可以成為偉人。蘭塞姆的手跡是什麼意思呢？有位智者是這樣解讀的：「如果每個人都能把反省提前幾十年，至少有一半的人可以成為了不起的人。」這足以顯示反省對於一個人成長、成才、成功的意義。縱觀古今中外，那些成就卓越的優秀人士，都有自我反省的習慣。晚清重臣曾國藩，每天都有自我反省的習慣，對於自身出現的問題勇於自我反省；日本著名的商業企業家稻盛和夫，每天都會反省自己是否有一顆善良、高尚的心靈，是否在做利他的事情。

日本「經營之神」松下幸之助也有自省的習慣。有一次，一個下屬因欠缺工作經驗導致失誤，松下幸之助勃然大怒，在公司會議上狠狠罵了

下屬。事後想一想，他覺得自己言行過激，深感慚愧，於是他打電話給那個下屬，誠懇道歉。當天恰逢那名下屬喬遷新居，松下幸之助立即登門祝賀，還親自幫忙搬家具，忙得滿頭大汗，令下屬十分感動。

自省是一個人成功的關鍵因素。一個人只有每天養成自我反省的習慣，每天與自己對話，才能客觀地評價自己，不斷地提升自己。職場競爭空前激烈，「逆水行舟，不進則退」，要想走在職場的前端，唯有不斷地自省。

1. 我今天的工作都完成了嗎？

很多上班族每天走出公司，猶如逃離籠子的鳥兒，覺得迎來了短暫的自由。與此同時，他們拖著疲憊的身子回到家，恨不得早點躺在床上倒頭就睡，好像只有睡覺才能緩解身心的疲憊。早點躺下去沒什麼不好，但最好不要倒頭就睡，不妨靠在床頭閉上眼睛，在腦子裡慢慢地回顧這一天的工作。

2. 我今天與同事相處得怎麼樣？

身在職場，你每天面對的不僅是工作，還要與人打交道。如果與大家相處得宜，無疑會增加你的工作動力和工作樂趣。因此，你有必要問自己這幾個問題：

(1) 我與同事、上司，甚至是下屬相處得怎麼樣？

(2) 我與公司客戶相處得怎麼樣？

(3) 我的言行是否有不太禮貌的地方？是否讓人感到冒犯了？

(4) 我今天在交際中，哪些方面表現得不錯，值得我繼續保持？

透過問自己一些人際相處方面的問題，可以明確認知自己與人交往的優點和不足，從而提醒自己繼續保持優點，積極改正不足，讓自己成為更受歡迎的人。

3. 我今天犯了哪些不該犯的錯誤？

人人都會犯錯，犯錯並不可怕，可怕的是逃避錯誤，不願意從錯誤中吸取教訓，不願意積極改正錯誤。為此，你有必要每天問自己：

（1）我今天犯了哪些不該犯的錯誤？

（2）這些錯誤分別是什麼原因造成的？

（3）怎樣避免不再犯類似的錯？

（4）哪些錯誤是我難以掌控的？我以後又該如何避免？

對於不該犯的錯誤，比如粗心大意導致工作出錯，言行不慎得罪客戶等，這樣的錯誤不是能力問題，而是態度問題，一定要改正過來；對於有些錯誤是自己控制不了的，是意料之外的，也要即時總結原因，爭取下次迴避。

4. 我是否離目標更近了？

作為一個積極的職場人士，應該有明確的人生目標，它可以分為長期目標、中期目標和短期目標。短期目標可以是每天的工作目標，比如我今天要完成多少銷售額，我要完成多少設計任務。中期目標是階段性目標，可以是一個月的目標，也可以是兩個月、三個月的目標。而長期目標是由中期目標和短期目標組成的，是需要漫長堅持和努力才能實現的，可能是一年的總目標，也可能是三年、五年的大目標。對於這些目

標,只有每天自省,才知道自己是否離目標更進一步。

以一位銷售業務為例,他的長期目標是在 5 年之內賺 500 萬元,用這筆錢買房子。每年的目標是賺 100 萬元,平均到每個月則是月收入不得低於 8 萬元。

要想達到月收入 8 萬的目標,每個月的銷售額不得低於 100 萬元,因為達到 100 萬元,他才能拿到 7 萬 5,000 元的薪資(若沒達到 100 萬元的銷售額,按照比例扣除薪資,同時享受不到業績獎金),同時拿到 10% 的業績獎金。

去掉每月 8 天的休息日,剩下 22 天的工作日,每天至少要完成 45,454 元的銷售額。

為此,他每天睡覺之前都會問自己:我今天的銷售目標完成了嗎?我這個月離 100 萬元的銷售目標還差多少?我明天應該怎樣達到更多的銷售額?透過不斷地反省、不斷地想辦法,他不斷地提升自己的行銷手段,業績穩定提升。結果,他每個月幾乎都超額完成任務,一年收入遠超過 100 萬元,僅用 3 年多一點的時間就賺到了 500 萬元,順利地實現了買房的目標。很多人都知道目標和計畫的重要性,他們也很努力地按照計畫去執行,可是最終還是沒有達成目標。為什麼呢?因為他們忽略了每天自我反省。只有每天反省自己,才能即時發現問題、即時修正偏差,讓浮躁的心沉澱下來。這樣才不至於因為某一天超額完成目標而得意揚揚,忘乎所以;也不至於因為某一天未完成當天的目標而消沉沮喪;才能一步一個腳印,平穩地朝人生的大目標邁進。

08 自我完善：拓展生活半徑，發現更好的自己

行動方案：每天問自己以下幾個問題

（1）我今天的工作都完成了嗎？完成的品質怎麼樣？

（2）是否有做得不好的工作？如果有，應該怎樣改進呢？

（3）工作效率怎麼樣？怎樣才能提升效率呢？

（4）是否很忙碌？為什麼忙碌？是否應該想想辦法？

（5）有制定計畫的習慣嗎？是按計畫工作嗎？

（6）明天的工作計畫制定好了嗎？明天的工作重點是什麼？

透過問自己這些問題，可以促使自己不斷地思考：怎樣才能提升工作效率？怎樣才能讓自己不瞎忙？

王老闆：生命在於運動

> 生命在於運動，運動是我的一種生活方式。
>
> ——企業家王老闆

「生命在於運動」，想必你對這句話已滾瓜爛熟。但是捫心自問：

你今天運動了嗎？

你有運動的習慣嗎？

對於這兩個簡單的問題，很多職場人士的回答是否定的。之所以說它們是「簡單」的問題，是因為運動無處不在、無處不有，只要你想運動，就可以做到。比如，用爬樓梯代替搭電梯，用疾步快走代替慢慢行走。

當然，你也可以討價還價，問：「正常步行可不可以？」回答是肯定的，步行也是運動，而且是最經濟實惠、最平民化的運動。相比整天待在室內，坐在電腦桌前不出門，堅持每天步行也是值得表揚的。

現代職場競爭之激烈、工作壓力之大，讓很多職場人士感到身心俱疲，好不容易熬到下班、熬到週末，大家只想著怎樣多休息一下，而懶於運動。其實，工作越是疲憊，越應該利用空閒時間去運動。運動不僅可以鍛鍊身體，還可以緩解身心的疲勞，可以釋放內心的壓力，讓人在大汗淋漓之後感到全身輕鬆，在一覺醒來之後感到精神抖擻。

王老闆是一位熱愛運動的人，他說：「生命在於運動，運動是我的一種生活方式。」王老闆喜歡玩飛行傘、駕駛帆船，在進行每一項運動之前，他都會接受專業的訓練，像認真工作一樣認真地運動，在運動中尋

08 自我完善：拓展生活半徑，發現更好的自己

找刺激，感受快樂。王老闆喜歡的運動項目有很多，但最令他著迷的是登山。

聖母峰是曾經差一點被王老闆當成運動休止符的地方，因為當時王老闆被診斷出下半身有可能癱瘓，於是他決定在還能走路的時候去攀登。沒想到，這次診斷是虛驚一場，結果聖母峰成了王老闆運動的開始。數年之後，王老闆遠離都市、遠離人群，不斷在登山中體驗生命。王老闆說他喜歡登山的刺激，要做生命的主人。

登山原本是華人的傳統娛樂項目，比如重陽登高。但對王老闆來說，登山更像是轉換生活方式。他喜歡登雪山，而登雪山隨時都有生命危險。在這種狀態下，當他安全回來之後，他會無比懷念那些艱險的歷程，從而使他「超越自我而滿足」。

王老闆在 30 歲之前，一直不知道自己喜歡做什麼，不知道自己擅長做什麼；34 歲時，他創辦了自己的第一家企業；40 多歲時，他成就了一間涉足 10 多個行業的大公司。但是他一直在找尋答案：我這樣奮鬥到底是為了什麼？

王老闆說：「其實，每一次進山我就後悔了，上到海拔四、五公里，風颳著，頭痛、噁心，我就罵自己，問自己怎麼犯賤又來了？可爬著爬著，還沒登頂，我又開始想下一次該登哪座山了⋯⋯」

也許有人會說：「這些大企業家都功成名就了，有的是時間和金錢去享受運動的樂趣，我們這些上班族，哪有那份時間和開心去運動呢？」殊不知，大企業家固然有錢，但他們也非常繁忙，雖然有下屬幫他們管理公司，但很多事情還是必須經他們之手。因此，說他們時間充裕並不符合客觀情況。

其實，一個人是否運動，關鍵不在於有沒有時間，而在於他是否有

運動的意願。只要他想運動,就能找出運動的時間;只要他想運動,就能找到適合自己的運動方式。對於職場人士來說,只要你想運動,是可以輕易做到的。

1. 利用上班間隙運動

不要以為上班時間就必須分分秒秒地忙碌,上班也有休息時間,比如午休時間,大公司還有下午茶時間,你可以自由利用這些時間去運動。比如,吃完午飯去爬爬樓梯,下午茶時間和同事打打羽毛球。如果你的公司有健身場所(有些大公司有自己的健身房),裡面有多種運動項目,你自然可以去嘗試。

你也可以利用工作間隙,比如工作 50 分鐘,休息 10 分鐘。利用這 10 分鐘去公司的走廊伸伸懶腰,做做簡單的肢體運動,動一動、跳一跳,甩甩手臂、甩甩腿,還可以撐在牆壁上,做幾個伏地挺身,或用你的背部撞擊牆壁,讓久坐的腰部和背部得以緩解疲勞。這些簡單的運動並不需要多少時間,日積月累下來會讓你累積不少運動量。

2. 每天抽出 30 分鐘運動

如果你覺得上班間隙做運動影響工作,或害怕上司有意見,那你不妨回歸傳統,在每天下班之後抽時間運動。比如,下班後你搭公車回家,可以提前兩站下車,然後步行回家或跑步回家。回到家裡,少看一點電視,少玩一點手機,抽出 30 分鐘的時間去外面跑兩圈,或提早 1 個小時睡覺,第二天早起 1 個小時去晨跑。只要你堅持鍛鍊,不出 1 個月,你就會看到明顯的效果。你會發現走路時全身輕盈多了,上班時精神狀態好多了,工作效率也會大有提升。

08　自我完善：拓展生活半徑，發現更好的自己

英國里茲都會大學研究發現，在工作中抽空進行 45～60 分鐘有氧運動的員工，在與同事互動、時間管理、如期交差這三項工作表現中，65% 的人表現得比以往沒有運動時更好。這個研究數據說明，堅持運動對提升工作效率很有幫助，因此大家不妨抽出時間來運動。

3. 每個星期至少運動 3 次

天天運動對很多上班族來說不容易做到，但每週抽出 3 天時間運動，這一點都不是難事。僅週末就有 2 天自由運動的時間，週一到週五，任意抽出一天時間去運動，這樣一週就可以保證 3 次運動了。值得一提的是，如果你很久沒有運動，剛開始幾次運動最好不要太劇烈，不然你會感到體力不支，而且運動之後連續幾天都可能腿腳痠痛，全身不適。建議你循序漸進地增加運動量，並先選擇不那麼劇烈的運動。

行動方案：

結合你的實際情況，制定一個運動計畫，為鍛鍊身體做準備！

高效能人士：做好自我投資

> 人生最值得提升的是投資自己。
>
> ——《高效能人士的七個習慣》

美國田納西州有一位來自秘魯的移民，經過多年的辛勤開墾和耕種，他在此處擁有6公頃的山林。後來，美國西部掀起了淘金熱，這位移民變賣了所有的家產、耕地和山林，舉家西遷，在西部買了90公頃土地，想在這塊土地上鑽探，以期找到金沙或鐵礦。可是5年過去了，他沒有找到任何東西，還把家底都折騰光了。

當他舉家落魄地回到當初的故地時，發現那裡機器轟鳴，工地設施林立。一打聽才知道，當年被他變賣的山林就是一座金礦，新主人正在挖山煉金。如今這座礦山仍然在開採中，它就是美國有名的門羅金礦。

一個人一旦失去了屬於自己的東西，就可能失去一座金礦。

因為每個人原本就是一座金礦，只可惜很多人沒有意識到，他們總是眼光看向別處，疲於奔命地找尋寶藏，卻忘記了審視自己，忘記了投資自己。假如當初那位秘魯移民認真考察自己的山林，用心探勘，也許他就能成為那座金礦的主人。在這個世界上，每個人都像一塊潛藏著寶藏的土地（或山林），每個人都有獨特的潛能和天賦，這些潛能和天賦就像金礦一樣需要去發現、去開採。因此，學會自我投資是必要的，只有懂得在自己身上投資的人，才能開發出自身潛藏的寶藏，成為最富有的人。

對於身處職場的上班族來說，可以從四個方面投資自己。記住，自我投資需要保持耐心，需要長期堅持。只有堅持下去，你才能看到奇蹟發生。

08　自我完善：拓展生活半徑，發現更好的自己

1. 知識投資

　　無論你是不是知名大學畢業的，哪怕你沒有上過大學，甚至只有小學文憑，這些都不重要。重要的是你要有一顆熱愛學習之心，並有強烈的學習欲望，這樣誰也阻擋不了你獲取知識的腳步。

　　美國一所大學畢業前的最後一場考試，教授把試卷發給全班同學。試卷上只有 5 道論述題，而且是學生們從未接觸過的論述題，學生們都徹底傻眼。時間一分一秒地過去，考試時間結束，教授開始收試卷。

　　學生們一個個垂頭喪氣，臉上寫滿了無奈。教授端詳著學生們的臉，問大家：「有幾個人答完了 5 題？」沒有人舉手；「有幾個答完了 4 題？」還是沒有人舉手；「3 題？2 題呢？」大家都不說話；「答完 1 題的總有吧？」全班學生沉默不語。

　　突然教授轉憂為喜，面帶微笑地對大家說：「這正是我的預期，我只是想讓大家知道，即使完成了 4 年的大學教育，仍有你們不懂的知識，這些你們回答不了的問題，正是日後應該持續學習的。」

　　接著教授說：「大家請放心，這個科目你們都會及格，但要記住，雖然你們畢業了，但是你們的學習才剛剛開始。希望你們步入社會之後，繼續保持一顆學習之心。」時間流逝，學生們已經淡忘了這位教授的名字，但是大家都銘記著他的教誨。

　　俗話說：「活到老，學到老。」學習是永無止境的事情，學習是一件終生不止的事業。在如今這個資訊時代，知識的獲取管道很多、很便捷，只要你願意學習，就可以學到自己想學的知識。你可以透過網路學習，比如在網路上看各種公開課程、培訓課程的影片，你可以下載各種教程，可以看各類你想看的書籍。你還可以參加語言檢定，或花錢參加專業性的培訓課程。所有的一切，只要你想學，就可以學到。

2. 資源投資

確切地說，資源投資指的是人脈投資，就是交朋友、拓寬人脈。常言道：「朋友多了路好走。」在職場中，你有必要重視結交善緣，廣交朋友。除了結交同行的朋友以外，你還應該廣交各行各業的朋友；除了與已經成功的人交朋友以外，還應該慧眼識人，結交「潛力股」類型的朋友；既要結交工作、事業上的朋友，還應該結交生活、休閒方面的朋友，即能夠與你玩在一起的朋友。透過廣交朋友、廣結人脈，你可以擁有強大的人脈資源，當你需要幫助的時候，就能獲得更多支援。

3. 經歷投資

一個人的經歷是其寶貴的財富。走得多、看得多，見多識廣，想問題的思路也會有巨大差異。工作之餘，你應該盡量走出去，比如來一趟說走就走的旅行，哪怕是「窮遊」，也可以去未曾去過的地方，去體驗未曾體驗過的風土民情。你還可以做些冒險、富有挑戰性的事情，比如登山、戶外探險等。如果你手頭有點閒錢，還可以嘗試一些小型創業，哪怕擺個地攤，開個雜貨店，透過這樣的項目，你也能產生不一樣的思維，更能以老闆心態思考問題。

有個農民由於家裡沒錢，國中還沒畢業就只好輟學回家幫父親種田。19歲那年，他的父親去世了，家庭重擔全部落到他的肩上。他要照顧身體不好的母親，還要照顧癱瘓在床的祖母。

為了養家糊口，他承包了一塊水窪地，將其挖成池塘，想養魚。但有人告訴他，水田不適合養魚，只能種莊稼。於是，他又把水塘填平。這件事成為村裡的一個笑話，在別人眼裡，他是個想發財的傻瓜。

08 自我完善：拓展生活半徑，發現更好的自己

他聽說養雞能賺錢，就向親戚借了 500 塊錢，開設了養雞場。然而，天不遂人願，一場洪水之後，雞瘟肆虐，他的雞幾天之內全部死光。現在我們覺得 500 塊錢不算什麼，可在那個年代，對於靠一畝三分地過活的家庭來說，500 元不亞於天文數字。他的母親承受不了養雞場失敗的打擊，竟然憂鬱而死。

後來他釀過酒、捕過魚，還到礦山幫人鑽彈藥孔，可惜都沒賺到錢。一晃就 35 歲了，他還是孑然一身。即使離異的婦女都看不上他，因為他除了一間快要倒塌的土屋外，什麼都沒有。

他不認命，還想搏一搏，於是四處借錢買了輛手扶曳引機。不料，上路沒幾天，他就開著曳引機衝進了河裡，曳引機摔成了一堆廢鐵，他也斷了一條腿，成了身障人士。周圍的人都說他這輩子完了，但是他沒有自暴自棄。

多年之後，他成了一家大公司的老闆，手握兩億元的資產。媒體記者得知他的傳奇經歷後，紛紛前來採訪他的過去。記者問他：「為什麼在那麼困難的日子裡你仍不放棄、不退縮？」

他將喝完水的杯子拿在手裡，然後問記者：「如果我鬆手，杯子掉在地上會怎樣？」

記者說：「肯定會摔碎。」

「那我們試試看。」說著就鬆開手，杯子掉到地上，發出清脆的聲音，但是完好無缺。

他說：「我問 10 個人，10 個人都說杯子會碎，但是這不是普通的玻璃杯，而是用玻璃鋼製作的杯子。」

年輕時的折騰、失敗、挫折，這些在當時看來確實令人沮喪、叫人失望。

但是多年以後，當你回過頭去看這些經歷時，你會感激那段艱難困苦的歲月，因為經歷是一筆珍貴的財富，可以讓一個人成長、成熟，可以指引一個人走向成功。

4. 健康投資

一個人的身體健康是 1，財富、事業、家庭等成就都只是這個「1」後面的「0」，少一個「0」沒關係，但如果沒有這個「1」，後面再多的「0」都顯得毫無意義。所以，無論工作多忙，無論你覺得自己多麼健康，都不要忽視對健康的投資：養成健康的作息，每個星期進行適量的運動，定期去醫院體檢等，都是在為你的健康投資，這是最基礎的投資，因為有了它一切才會變得有意義。

職場忠告：

投資自己要有主線 —— 主要方向，缺什麼就補什麼，注重軟實力上的投資。

工作不焦慮！菁英必備的 58 項核心技能：

先練滿基本功，再談升級！總結、專注、整理，職場「T」型修練成就高效菁英

作　　　者：李文勇		
發　行　人：黃振庭		
出　版　者：財經錢線文化事業有限公司		
發　行　者：崧燁文化事業有限公司		
E - m a i l：sonbookservice@gmail.com		
粉　絲　頁：https://www.facebook.com/sonbookss/		
網　　　址：https://sonbook.net/		
地　　　址：台北市中正區重慶南路一段61 號 8 樓 8F., No.61, Sec. 1, Chongqing S. Rd., Zhongzheng Dist., Taipei City 100, Taiwan		

電　　　話：(02)2370-3310
傳　　　真：(02)2388-1990
印　　　刷：京峯數位服務有限公司
律師顧問：廣華律師事務所 張珮琦律師

- 版權聲明 ─────

本書版權為中國經濟出版社所有授權財經錢線文化事業有限公司獨家發行電子書及繁體書繁體字版。若有其他相關權利及授權需求請與本公司聯繫。
未經書面許可，不得複製、發行。

定　　　價：399 元
發行日期：2025 年 01 月第一版
◎本書以 POD 印製
Design Assets from Freepik.com

國家圖書館出版品預行編目資料

工作不焦慮！菁英必備的 58 項核心技能：先練滿基本功，再談升級！總結、專注、整理，職場「T」型修練成就高效菁英 / 李文勇 著 . -- 第一版 . -- 臺北市：財經錢線文化事業有限公司 , 2025.01
面；　公分
POD 版
ISBN 978-626-408-130-6(平裝)
1.CST: 職場成功法
494.35　　　　　113019708

電子書購買

爽讀 APP　　　臉書